微花园

组合盆栽种植实操指南

阿咕 编著

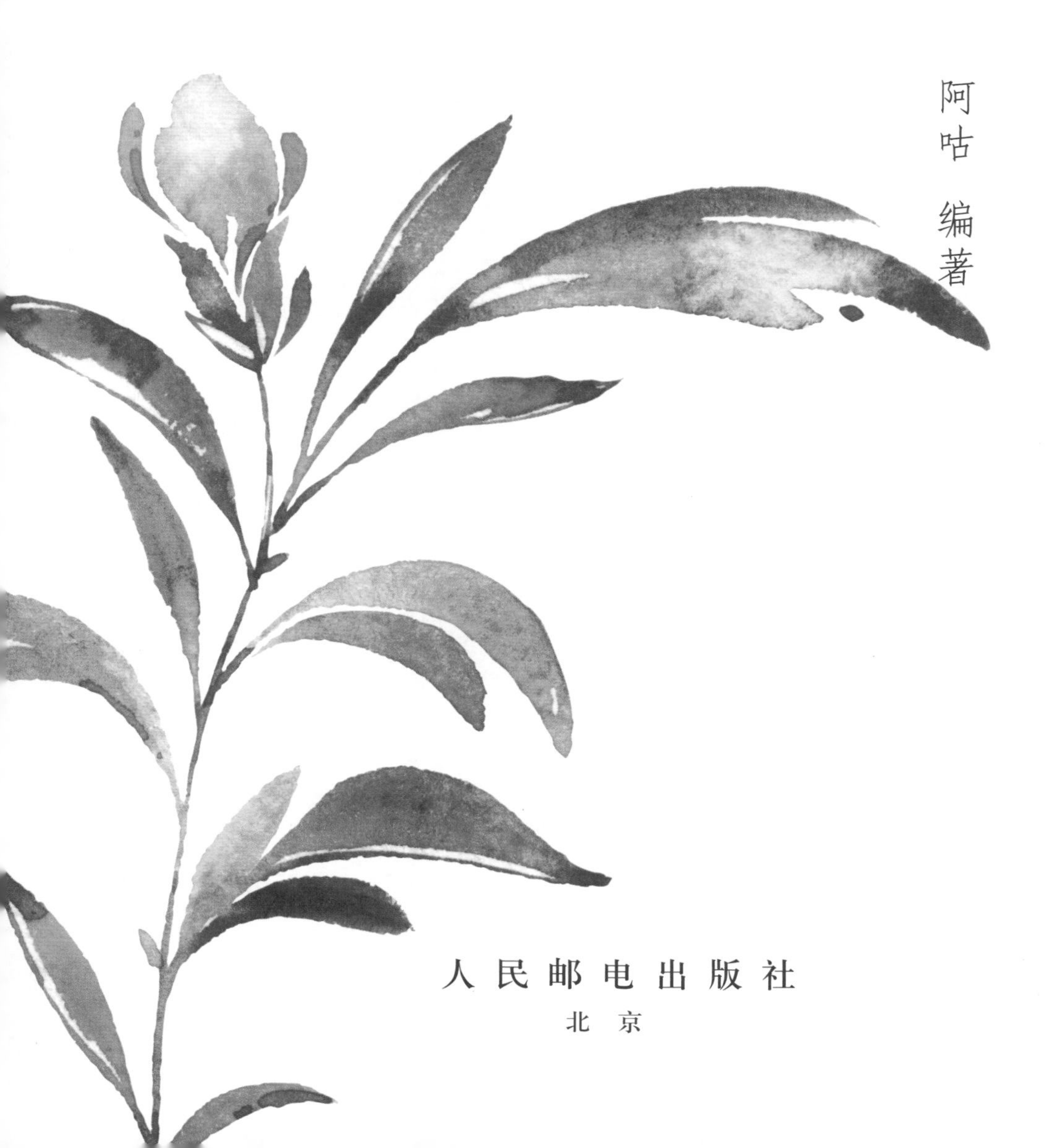

人民邮电出版社
北京

图书在版编目（CIP）数据

微花园 ：组合盆栽种植实操指南 / 阿咕编著. -- 北京 ：人民邮电出版社，2023.9
ISBN 978-7-115-53855-0

Ⅰ. ①微… Ⅱ. ①阿… Ⅲ. ①盆栽－观赏园艺－指南 Ⅳ. ①S68-62

中国版本图书馆CIP数据核字(2020)第068509号

内 容 提 要

本书是一本讲解种植组合盆栽的基础教程。

全书共7章：第1章主要介绍制作组合盆栽的材料与工具；第2章至第5章按春夏秋冬的顺来讲解不同季节的组合盆栽的种植方法；第6章主要讲解室内的组合盆栽的种植方法；第7章主要讲解多肉植物的组合盆栽的种植方法。本书不但讲解了26个精美的组合盆栽种植案例，教授了不同的组合盆栽的后续养护方法，还赠送10个电子版组合盆栽种植案例。本书步骤详细，讲解清晰，能够让读者轻松上手。

希望本书能给喜爱自然、喜爱花草的你带来不一样的美丽世界。

◆ 编　　著 阿　咕
责任编辑 郭发明
责任印制 周昇亮
◆ 人民邮电出版社出版发行　北京市丰台区成寿寺路 11 号
邮编 100164　电子邮件 315@ptpress.com.cn
网址 https://www.ptpress.com.cn
北京宝隆世纪印刷有限公司印刷
◆ 开本：787×1092 1/16
印张：11　　2023 年 9 月第 1 版
字数：241 千字　　2023 年 9 月北京第 1 次印刷

定价：119.90 元

读者服务热线：(010)81055296　印装质量热线：(010)81055316
反盗版热线：(010)81055315
广告经营许可证：京东市监广登字 20170147 号

序言

“组合盆栽”对我而言是植物盆栽的一个新玩法，“混栽”这个说法更加通俗易懂，就是将不同的植物根据季节与习性混合栽种在一起，用植物展现不同的色彩与季节。

从时令植物中选择喜欢的花、叶、果实和枝干，制作带有个人风格的盆栽作品，无论是体现色彩还是体现变化，都是非常令人开心愉悦的。

书中介绍了不同主题和不同风格的组合盆栽，展示不同的种植手法和形式，只要挑选相似的植物和合适的容器就能轻松上手制作。不一定遵循固有的原则，根据个人种植习惯，可以自由发挥，让植物展现独有的生长美学，达到自己喜欢的效果最重要。

植物是有生命的，植物的色彩、质感，甚至气味都是“独特”的，用自己对植物的理解和审美来制作组合盆栽，遵循植物的生长规律，植物才能更好地生长。书中的技巧帮助你更好地“保护”植物，让经过精心种植后的植物能够绽放无限的魅力。

无论是自己种植组合盆栽，还是以组合盆栽作为礼物赠送他人，种植都带有无限的乐趣。结合书中的技巧，希望你也能制作出既美丽又能持久生长的盆栽。

—— 阿咕

rown with Love · Grow

目录

01 材料与工具的介绍 012

种植必备的工具 014

盆器的介绍 015

种植材料的介绍 018

常见的混栽植物 020

02 春季的组合盆栽 032

壁挂花篮的春日序曲 034

华丽的花毛茛 040

林地花园的萌芽 046

樱之星 052

赠予春天的花环 058

03 夏季的组合盆栽 064

打翻调色盘的绚丽盆栽 066

用花篮制作浪漫的夏日花园 070

玻璃容器里的梦幻花园 074

夏日轻鸣 078

04 秋季的组合盆栽 082
粉色泡泡梦 084
魔幻世界的机关花园 088
如同初吻的可爱组合盆栽 092
让美妙的仙客来代替夏季的狂欢 096

05 冬季的组合盆栽 100
冬日焰火 102
蓝色风信子 108
绽放的珊瑚粉樱草 114
白色的装饰画框 120
油画风格的冬日组合 126

06 室内的组合盆栽 132
玻璃容器中的粉色云朵 134
灿烂的明日之花 140
清雅风格的绿萝组合 144
异域风格的蕨类大集合 148

07 多肉植物的组合盆栽 152
浓郁的冬季多肉植物组合 154
送你的纸杯蛋糕 160
回归自然的玉露 164
来种一盆开花的多肉植物吧 170

01

材料与工具的介绍

种植必备的工具

①

园艺叉

用于须根的梳理，将根系上的土团打散，有助于后期的种植。

②

圆筒铲

用于细致的填土工作，种植完成后在植物之间填土的简易工具。

③

培土铲

将土填入花盆的工具，移栽时用于填土或用于大块种植材料的分解。金属或不锈钢质地的较合适。

④

园艺剪刀

选择一把顺手且锋利的剪刀非常重要，因为修剪残花、枝条和根系都是种植时必要的步骤。一把好的剪刀能解决很多问题。

⑤

镊子

可以代替手指的辅助工具。用于打理细小的植物，如在多肉植物种植中就非常实用。

盆器的介绍

想要制作出美丽的组合盆栽，盆器的选择也非常重要，不同材质和颜色的盆器会带来不同的风格体验。

园艺中，很多盆器都可以作为种植的器皿，铁制品、水泥制品、陶制品、瓷制品、玻璃制品、藤制品、木制品等都可以用来制作组合盆栽，不同材质的盆器即使搭配同样的植物，也会呈现不同的风格。

普通铁艺花盆

普通铁艺花盆是杂货风格的代表花盆，通常呈现复古做旧的感觉，其颜色和形态多样，是比较百搭的类型。常见的器形为圆筒形与方形，带有排水孔即可种植使用。夏季需要避开长时间的暴晒，以免盆壁过热导致植物根系损伤。

不同的做旧处理（剥落和锈色）。

异形或大型铁艺花盆

花艺上常用的花瓮也可作为盆栽的容器。特殊器皿上有很多漂亮的设计，搭配植物会非常有趣。

水泥质花盆

水泥质花盆通常会给盆栽带来古典和庄重的气质。透气性不错，但在色彩上较为单调，适合搭配室内植物或者色彩清新的植物。

粗陶水泥质花盆

在原有水泥质花盆的基础上增加了浮雕花纹的部分，整体风格更加华丽，保留了原有的透气性。简单的浮雕花纹更能凸显植物的质感。

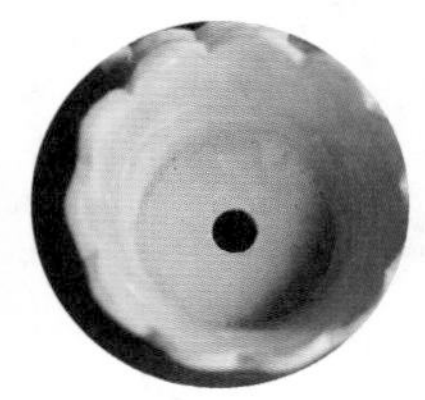

即便水泥花盆拥有良好的透气性，但对于种植植物而言，合适的排水孔是必不可少的。

素陶质花盆

素陶可以细分为不同的材质，如红陶、黑陶、白陶、砂陶等。这些材质都有良好的排水性和透气性，非常适合植物的根系生长，但需要时常注意水分的供给。

长期使用硬水浇灌会导致盆面出现白色返碱的现象。可用清水进行刷洗，亦可保留返碱，保留使用的痕迹，凸显做旧的效果。

瓷质花盆

瓷质更适合室内的环境，常用于室内植物的搭配。瓷质花盆的颜色与造型非常多变，但排水性和透气性较差，适合种植喜湿润的植物，选择带有排水孔的款式对植物生长更加有利。

玻璃器皿

玻璃材质会带来时尚的感觉。玻璃器皿是现代家具常搭配的容器，也是随处可见的容器。玻璃容器没有排水孔，种植时需要格外注意排水层的运用。

藤编容器

藤编容器非常适合用于制作自然风格的组合盆栽。在容器内填入隔水纸，打上排水孔就可以开始种植。不过，藤编容器在户外使用一年就会出现损坏，需要及时更换新的容器。

木质容器

木质容器有非常轻盈、自然的感觉，但同时也有使用周期不长的问题。木质容器在使用前可以进行简单的防水处理，当然打上排水孔更有利于植物的生长。

/ 种植材料的介绍

泥炭土

为通用种植材料，属于自然资源，可以保持土壤的疏松、透气，可用腐叶、椰糠来代替。

珍珠岩

用于与土壤混合的颗粒材料，可以增强土壤的排水性和透气性，可用浮石或发酵松鳞代替。

缓释肥

通用的草花缓释肥，一般具有2～4个月的肥力，配合浇水逐渐释放肥力。

通用种植土

是用泥炭与珍珠岩按2：1的比例混合而成的种植材料，为常用的不含养分的植物种植材料。

山苔

自然的苔藓可以起到固定作用，常用于自然风格的盆栽。

陶粒

由多孔的陶土烧制而成，排水性和透气性良好，常用作排水层。

粗椰糠

为无土种植材料，可代替通用种植土使用。
在使用前需要进行浸泡处理，因为粗椰糠全部浸泡后才具有保水功能。

水苔

由活水苔制成的种植材料，具有良好的保水性，是食虫植物与兰花常用的种植材料。湿润的水苔具有黏合性，适合用于以花环和相框为容器的盆栽种植。
水苔在使用前需要提前浸湿，使其充分吸收水分。

麦饭石 / 砂砾 / 细砂粒

非吸水性颗粒材料，常用于多肉植物的种植，能够起到排水的作用。

桐生砂

吸水性颗粒材料，常用于多肉植物的种植，也可用作玻璃容器中的排水层，可以起到排水、透气的作用。

天然岩石

一般作为多肉植物组合盆栽的装饰，以原生自然风格为主。

颗粒混合土

是将泥炭和颗粒按 3 ： 7 的比例进行混合而成的，以颗粒为主，适合用于多肉植物的种植。

常见的混栽植物

春季植物

春季观叶植物

彩叶植物有着不起眼的花朵，但其拥有观赏价值极高的彩色叶片，在组合盆栽中充当填充和衬托的角色。

矾根

宿根植物，被誉为“上帝的调色板”，拥有上百种叶色，是百搭的观叶植物，叶片一年四季会变化出不同的色彩，适合全年观赏。

车轴草

可爱的叶片呈现三叶形态，颜色种类多样。车轴草枝条蔓延生长，需要时常修剪。

斑叶活血丹

叶片周围有白色的斑纹，在春季会开出粉紫色的小花，叶片带有香味。蔓生的特性使得斑叶活血丹可以垂吊或在盆栽边缘种植。

银叶野芝麻

叶片具有金属感，适合搭配清雅色系的植物，耐寒性强，同样具有一定的耐荫性。其适合在秋冬季种植，春季会开出粉色的花朵。

肉质酢浆草

常绿型的酢浆草品种，但耐寒、耐热性较差，需要精心养护。其叶片上带有粉色或橙色的斑纹，会开出黄色的小花，小巧的叶片适合填充在主角植物之间。

多花素馨

藤蔓型常绿植物，春季会开出带浓郁香味的白色花朵，枝条柔软，可以低垂在盆栽边缘，适合营造出自然轻松的气氛。

彩叶生菜

可食用型植物，适合与可食用花卉混栽。彩叶生菜适合在冬春季种植，株型低矮小巧，生长迅速。

金叶佛甲草

多肉类彩叶植物，耐旱性强。在冬季叶片呈现金黄色，春季开出黄色的小花。造型低矮，适合种植在容器的边缘。

春季球根植物

春季有着丰富的球根植物，球根植物一般从冬季开始萌芽，春季盛放。

花毛茛

华丽风格的植物代表，其层层叠叠的花瓣如同玫瑰般诱人。作为块根植物，花毛茛的花期从 2 月持续至 4 月，适合作为主角植物。

葡萄风信子

拥有多样的花色，从白色到蓝色都能找到相应的品种，更有粉色、黄色和绿色等特殊花色。葡萄风信子铃铛似的花朵十分可爱，其花期可长达数月。

风信子

球根植物，花色多样，对于低温有着良好的抗性。风信子冬季发芽，春季盛开，花朵带有浓郁的香味，作为主角或者配角植物都很合适。

洋水仙

球根植物，其喇叭状的花朵预示着早春的到来，适合搭配自然风格的盆栽。洋水仙花色多样，更有重瓣品种。

欧洲银莲花

华丽风格的欧洲银莲花适合作为主角植物。欧洲银莲花在春季盛开，花期从 3 月持续至 5 月，可以持续不断地开花，耐寒性极强，冬季可在室外过冬。

春季开花植物

春季有非常多的开花植物，集聚一年的能量在春季盛开。在这里简单介绍几种春季的开花植物，更多的植物需要读者自己去发掘。

角堇 / 三色堇

角堇和三色堇是春季值得期待的多年生草本植物，拥有超多花色与花形，其中不乏特殊的品种。花期从冬季持续至春末，是冬春两季组合盆栽中的主角植物。

天竺葵 / 洋葵

天竺葵是一种在不同环境中都能生长的植物，北方的环境更有利于其开花，其花期极长。枝条形态也可分成直立和垂吊两种类型。除去夏季炎热时期，其他季节都可以种植。

姬小菊 / 五色菊

可爱的小花通常会带来浪漫的感觉，宿根型姬小菊可以盛开成一个巨大的花球。其耐热性、耐寒性强，是一种几乎全年开花的植物，在组合盆栽中适合充当填充的角色。

石竹

宿根植物，同时拥有良好的抗性，几乎全年都可以开花。石竹植株低矮株型紧凑，适合搭配各种可爱的植物。此外，其耐寒性强，在冬季也能生长良好。

喜林草

拥有着奇异花色的植物，黑白配色在其他植物上非常少见。喜林草耐寒性较强，但其比较脆弱，需要悉心呵护。

短舌匹菊

清新风格植物的代表，其白色的小花非常可爱。短舌匹菊作为经典的香草植物，叶片上带有清雅的香味，可从冬季持续盛开至夏末。

勿忘草

蓝色的小花适合自然风格的盆栽，细碎轻盈的枝条可营造空间感。作为多年生草本植物，勿忘草有着良好的耐寒性，冬末至初春开花，其花期虽然短暂，但十分美丽优雅。

耧斗菜

宿根植物，可每年生长开花，花朵非常精致可爱。其冬季休眠，春季开花，适合搭配自然风格的组合盆栽。

金钩吻

藤蔓型常绿植物，在春季盛开出金黄色的花朵，枝条可围绕在容器周围呈现出自然生长的形态。金钩吻花期较短，叶片常绿，可以全年种植。

美女樱

如同樱花般美妙的植物，在春季能开出大量的花朵，非常吸引眼球。作为春季的主角植物，美女樱可以搭配出非凡的少女感。

夏季植物

夏季观叶植物

夏季的观叶植物常为热带地区的彩叶植物，拥有绝佳的耐热性和绝妙的色彩。不过，喜高温的室内植物也有很多。

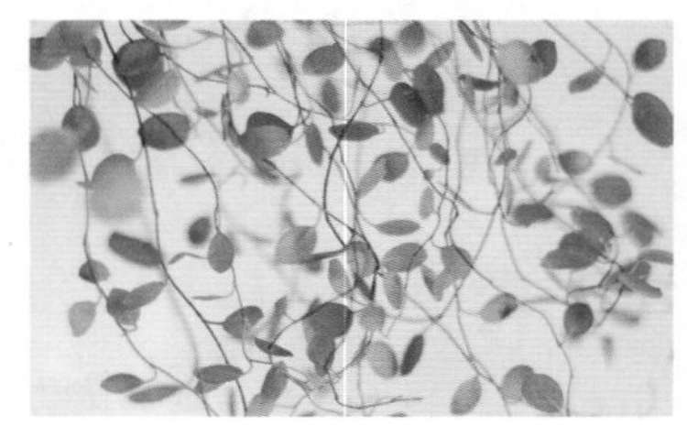

纽扣玉藤

纽扣玉藤是一种百搭的植物，纤细蔓生的枝条围绕在容器上营造出自然感。纽扣玉藤可作为其他植物的填充，其在养护时应保持湿润，过于干燥的环境会导致其落叶。

马蹄金

叶片小巧，具有光泽感，枝条呈垂吊形态，适合用于制作清雅色系的盆栽。在种植时枝条应保持干燥，过于潮湿，枝条容易发黄、腐烂。

蕨类

蕨类是一种耐荫的植物，可以在室内种植，是室内组合盆栽中常用的植物。蕨类叶片舒展的姿态非常优雅，喜湿润的环境，过于干燥的环境会导致其叶片枯萎。

卷柏

这是一种娇嫩的植物，在阳光下暴晒就会出现发黄、枯萎的问题，所以非常适合在室内种植，低矮的株型适合制作可爱的盆栽装饰。

金脉蝴蝶草

花叶非常漂亮，带有金黄色纹路的叶片与深蓝紫色的花朵形成强烈的对比，枝条垂吊生长，适合制作别致风格的组合盆栽。

斑叶绿萝

绿萝的斑叶品种，叶片上带有白色的斑纹，增加了叶片的色彩和观赏度，适合制作室内的组合盆栽。

嫣红蔓

可爱的室内彩叶植物，叶片上带有白色或粉色的斑点，光线越好叶片上的颜色越明显。嫣红蔓的枝条向上生长，可以通过修剪保持株型。

彩叶草

被誉为“夏季的调色板”，拥有丰富的色彩，是夏季盆栽中的“色彩担当”。彩叶草的耐热性极强，但在夏季需要注意浇水，其耐寒性差，需要在室内过冬。

夏季开花植物

夏季的高温让很多植物都开始进入半休眠状态，但喜高温的开花植物却“怡然自得”，这些植物对于高温有着良好的抗性，可以弥补夏季其他植物的空缺。

大花绣球

令人瞩目的开花植物，是夏季经典的植物。大花绣球拥有巨大的花量，在组合盆栽中是绝对的主角。注意其在夏季需要大量的水分，以免花朵枯萎。

重瓣禾叶大戟

星星点点的白色小花非常适合营造清凉感。花期持久，几乎可以全年开花，在组合盆栽中起点缀作用；耐热性好，但耐寒性稍差，冬季需要在室内过冬。

萼距花

又被称为“紫花满天星”，密集的花朵开满枝头。萼距花的耐热性好，夏季持续盛开，株型较大；枝条平行生长，可以作为线条植物使用。

矮生花烟草

喇叭状的花朵在风中摇晃的样子非常可爱，花色自带复古感，叶片较大，在种植时可以进行修剪。

马齿苋

夏季中的明星植物，拥有多种花色与叶色。宿根植物，喜光照、喜高温，适合在夏季种植，长势迅速，需要经常修剪以保持株型、促进开花。

夏堇

炎热的夏季也能有良好的表现，枝条蔓生，适合种植在容器边缘起遮挡作用，有直立和垂吊生长的不同品种。

长春花

长春花适合与不同颜色的植物相搭配，种植环境忌湿润，土壤稍微干燥更有利于其生长，冬季需要在室内过冬。

朱唇

具有仙女气质的夏季植物，摇曳的粉白色花朵会吸引蝴蝶和蜜蜂；株型较大，适合种植在盆栽中间或后侧，经常修剪花序，可促使其长出新的花苞。

鬼针草

由原生品种选育的园艺植物，株型低矮，开花量大。鬼针草分冬季和夏季两个不同的品种，花色多样，作为组合盆栽的点缀会带来不同的惊喜。

野甘草

浅蓝色的花朵在夏季显得非常清凉，揉搓其叶片会散发出甜瓜的香味，是一种奇特的植物。野甘草几乎全年开花，也非常耐修剪。

夕雾

夕雾在初夏的时候盛开，伞形的花序适合作为亮点植物进行搭配，深紫色的叶片也是观赏点之一。

金光菊

夏季植物，开花时如同向日葵般灿烂、闪耀。花瓣上深色花纹具有对比度，适合制作明亮且具有异域风情的盆栽。在春季种植金光菊，盛夏就能绽放。

紫斑风铃草

宿根植物。原种的风铃草品种，在初夏与秋季两季盛开，耐寒、耐热性强，花期极长，高挑的花序适合用来搭配山野感的自然风格组合盆栽。

秋季植物

秋季观叶植物

秋季的观叶植物更多体现的是叶片的秋季感，带有金属色泽的植物搭配果实与暗色的花朵，让人一下就联想到秋实之风。

斑叶金银花

藤蔓型植物，叶片上带有斑纹，枝条轻盈，呈现轻松自然的姿态；枝条过长时要进行牵引，其长势迅速，需要修剪以保持株型。

莲子草

彩叶莲子草拥有良好的抗性，生长迅速。在种植莲子草时需要时常修剪以保持株型，莲子草耐热性强，光照充足时颜色靓丽。

紫叶鸭跖草

鸭跖草的品种多样，拥有不同的花色和叶形。大部分鸭跖草品种都不耐寒，冬季需要在室内过冬，春夏秋三季是生长旺季。

苔草

苔草的线条极具美感，轻柔的叶片营造出立体感，棕色叶片带有闪亮的金属感，适合搭配各种植物风格。大部分苔草品种全年常绿，不落叶。

麦冬

麦冬有着良好的抗性，全年常绿，不落叶，有银叶、花叶和黑叶等不同的品种。麦冬叶片低矮，适合种植在容器边缘作为点缀。

秋季开花植物

炎热的夏季过后就到了秋季，温度下降，唤醒了一批新的植物，这些植物会在秋天开花。

万寿菊

虽然万寿菊在夏季也能正常开花，但在低温的秋季花朵会更加美丽。万寿菊叶片上带有浓郁的香味，常作为驱虫类植物使用。近年来也有了花色非常多的万寿菊。

泽兰

泽兰在深秋时节开花，可以欣赏其白粉色的小花，而在早秋可以欣赏其暗色的叶片。泽兰的枝条高挑，适合作为线条型植物使用。

花园菊

菊花是传统的秋季花卉，拥有多样的花形和颜色，适合在组合盆栽中充当主角，矮生品种更适合盆栽种植。

香彩雀

香彩雀在炎热的夏季也能良好生长，开花持续至秋季，开花量大。香彩雀适合作为线条型植物使用，适合种植在盆栽的中部或后部。

彩色马蹄莲

马蹄莲是一种高级的植物，优雅的姿态引人注目。虽然彩色马蹄莲是秋冬季植物，但其耐寒性差，需要在室内过冬。

小百日草

秋季盛开的小型百日草品种，色彩丰富，具有秋季感。小百日草株型小巧，可以种植在其他植物之间；温度越低，其色彩越浓郁，当气温低于0°C时需要对其进行过冬保护。

花鹤翎

只在深秋开花的植物，叶片小巧，花朵呈现粉色雾状，用作背景植物很合适；不耐寒，温度过低容易冻伤，冬季需要进行保护。

迷你金鸡菊

从盛夏持续盛开到秋季的植物，时常注意修剪残花，以保证其持久地盛开。金鸡菊枝条纤细、花朵小巧，适合用于填充组合盆栽。

银叶紫娇花

紫娇花有着优雅的花枝，随风摇曳，有夏秋的清凉感；品种繁多，线条形的叶片使其适合作为盆栽中的最高的植物；除冬季以外，其他季节都能开花。

冬季植物

冬季观叶植物

冬季，植物虽然生长缓慢，但带来了绝妙的色彩。制作冬季盆栽，耐寒性较强的植物是不可或缺的。

常春藤

常春藤是组合盆栽里非常百搭的植物。作为观叶植物中的明星，常春藤拥有多样的色彩和叶形，在冬季叶片上会出现暗色的斑纹。常春藤适合种植在容器边缘。

百里香

在低温时，叶片上会出现不同的花纹，叶片小巧、可爱，带有柠檬香味，细碎的叶片在组合盆栽中起填充的作用。百里香枝条柔软同样适合种植在容器边缘，对于低温有良好的抗性。

羽衣甘蓝

羽衣甘蓝也被称为“叶牡丹”，叶片在冬季呈现出绝妙的色彩，甚至比花朵更加艳丽；耐寒性强，生长缓慢，不易变形，叶形、色彩多样，是冬季组合盆栽里绝佳的配角植物。

银叶菊

拥有特殊的银白色叶片，这是其他植物中少有的，是一种百搭的植物；在春季会开出黄色的小花，耐寒性强。

红脉酸模

叶片上带有红色的脉纹，作为可食用型植物，适合与香草植物一起搭配种植；冬季生长缓慢，叶片颜色变深。

亚洲络石

冬季呈现暗红色，叶片上有白色或金黄色斑纹；作为常绿植物，冬季也不会落叶，可以种植在容器边缘或点缀在植物之间。

冬季开花植物

在冬季，即使长时间低温，耐寒的植物依旧可以持续盛开。它们是冬季的精灵，是点亮冬季盆栽的绝佳伙伴。

欧洲报春花

冬季中不容错过的开花植物。欧洲报春花有着较强的耐寒性，在冬季持续－5°C的环境下也能正常开花，花色和花形极其多样，可在冬季盆栽中作为“超长待机”的开花主角。欧洲报春花虽然是多年生植物，但怕热，夏天需要注意其生长状态。

樱草

属于报春花类，樱草有着高挑的花枝，花朵聚集在枝干上开成花球。樱草的花期开始时间稍晚于欧洲报春花，但更加耐热，可在盆栽中作为最高的开花植物。

皱边三色堇

华丽风格的三色堇品种，适合用于华丽典雅的组合盆栽中；冬春两季开花，适合与其他植物搭配展现特殊的花瓣。

铁筷子

铁筷子常被称为“圣诞玫瑰”，在冬季盛开，低垂的花朵格外精致；抗性良好，花期极长，花瓣凋谢后萼片也能观赏数月。

香雪球

香雪球迷你的小花非常精致可爱，开花时带有淡雅的香味，开花量大，冬春两季能盛开成花球；枝条蔓延，适合垂吊或者在容器边缘种植。

仙客来

仙客来是冬季盆栽中的明星植物。块茎型植物，花期从冬季持续至春末，但不耐霜冻，冬季需要精心养护，需要修剪残花。

多肉植物

夏种型多肉植物

夏种型多肉，耐热，在夏季能良好地生长，在夏季需要对其进行保护，以免冻伤。

白斑玉露 / 京之华 / 楼兰 / 樱水晶

喜湿润的类型，在夏季也能正常生长，但需要在室内过冬；可以在半阴环境下生长，暴晒会导致叶片发灰；生长缓慢，不易变形。

黄金丸叶万年草

光线充足时叶片呈现明亮的黄色；在多肉组合盆栽中起点缀作用；在冬季生长缓慢，温度上升则生长迅速。

朱莲

虽然是不耐寒的品种，但在低温时叶片会呈现火焰般的红色，日常的颜色为绿色；当气温低于 0°C 时需要对其进行保护。

巧克力线

叶片圆润，非常可爱，边缘带有红色的纹路。巧克力线虽是夏种型品种，但在夏季注意不要使其过于潮湿，潮湿会导致叶片掉落。

冬种型多肉植物

冬种型多肉植物对于低温有较强的抵抗力，在持续时间较短的－2°C～－1°C环境下可以完全露天种植，在夏季高温时会出现休眠的现象。

菲欧娜 / 海滨格瑞 / 红宝石
吉娃莲 / 丽娜莲 / 月光女神

冬种型多肉植物的一个大类，杂交的品种繁多，此类多肉植物大部分成莲花状，色彩多样，在光照强、温差大时会呈现出非常美丽的色泽。

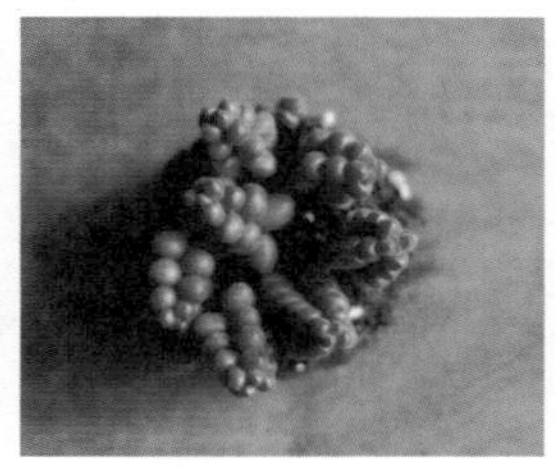

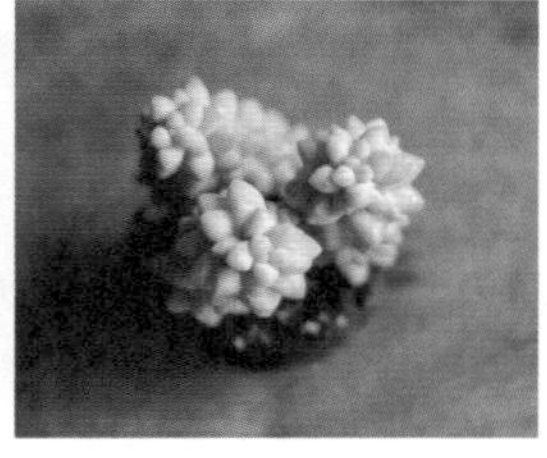

铭月 / 珊瑚珠 / 树冰 / 新玉缀

冬种型多肉植物的一个大类，有着不同的叶形和形态，非常丰富，迷你的品种更适合制作多肉植物组合盆栽。

艾伦 / 蔓莲 / 银天女

这类多肉植物最大的特点是花朵非常精致，增加了其观花的属性，非常令人惊喜。

02

春季的组合盆栽

壁挂花篮的
春日序曲

作品简介

壁挂式的盆栽非常适合于立面观赏，可以增加庭院的层次感。春季植物在花盆中盛开，集聚了春天的模样，多样色彩也是春日盆栽的特点。

设计灵感

改造冬日的壁挂组合，更换为春季植物。雏菊、角堇和姬小菊在春天格外漂亮，蔓生的枝条也非常适合种植在壁挂容器中。

植物介绍

雏菊

垂吊天竺葵

姬小菊

卷柏

角堇

种植材料

泥炭土

珍珠岩

缓释肥

通用种植土

山苔

种植步骤

01

将植物进行预先处理。在狭小的空间种植多样植物，首先需要将根系上多余的土壤去除，可借用一些工具辅助进行。将土团缩小至原土团一半大小后轻轻捏成长条形，方便后期种植。

02

填补容器上的山苔，并更换新的土壤。种植材料可用保水性更好的泥炭土，并在底部加入缓释肥，再盖一层种植材料，这样做可以让植物根系不直接接触肥料。这种方法适用于施加各种肥料，以免植物根系碰触肥料而导致烧苗，影响植物存活。

03

在容器右侧种入垂吊天竺葵，其枝条蔓延，种在侧面更容易展现其垂吊的姿态。在容器中间靠后侧种入姬小菊，姬小菊蓬松的枝叶非常适合作为后景衬托，种植深度以山苔为基准，根茎低于山苔 1 ～ 2 厘米。

04

在容器左前侧种入角堇，在中间种入雏菊，搭配不同枝干的花朵会凸显层次感，主角植物种植在亮眼的位置。垂吊天竺葵的枝干向上生长，底部会显得有些空，可以将低矮的卷柏种植在垂吊天竺葵下方，卷柏细碎的叶片和垂吊天竺葵硕大掌状的叶片形成对比。

05

全部植物种植完成后，在植物之间的空隙处填入分成小丛的山苔。在容器的四周也仔细填入山苔，山苔可以起到固定的作用，以免在浇水时露出的土壤被冲出。

06

用浸泡后的山苔挡住土壤，既有铺面的作用，又能防止在浇水时土壤被冲出盆面，影响美观。浇水可用浸泡的方式，将容器泡入清水中，盆栽变重后拿出，沥干水分就可以悬挂欣赏了。

注意事项

种植要点

搭配不同形态的植物是使组合盆栽不显得呆板的关键。用细碎的叶片结合宽大的叶片，灵动蓬松的形态结合沉稳密集的形态，会让盆栽中的植物各有看点。

养护要点

悬挂型吊盆用山苔遮挡，更加通风，也更容易干燥。如果植物的叶片出现发蔫、变软的现象，说明缺水。将盆栽整个泡入水中，浸泡 4 ～ 5 分钟后将变重的盆栽拿出，放在阴凉处等待半小时盆栽就能恢复生机。

经过几个月的生长，原来的盆栽已经进入观赏后期。雏菊没有新的花苞，角堇也已经开始衰败，此时就需要进行修剪，修剪的目的是剪去败落的植物。

修剪雏菊时，在花下5～6厘米处修剪，只修剪残花，保留叶片，等待叶片发黄的时候再进行替换。角堇整体衰败后，花量减少、枝条变长，而长时间淋雨还会导致枝条腐烂，此时可以直接在角堇根部修剪。将枝条全部剪去，保留根茎部分，角堇后期可重新萌芽。

修剪完成后整理植物，同时可以修剪垂吊天竺葵和姬小菊的残花——摘除黄叶、枯叶，盆栽整体修剪完成后，可继续观赏1个月左右，到夏季可再次更换夏季植物。

华丽的
花毛茛

作品简介

春季的花毛茛非常华丽，选择花毛茛作为主角植物的组合盆栽，可凸显华丽风格。作为短期观赏植物，花毛茛会在最美的时间里绽放最美的模样。

设计灵感

矮生型的花毛茛非常适合盆栽，满满的一盆花毛茛搭配同色系的小碎花，加入线条型和藤蔓型的植物，会使盆栽更具灵动感。选择白紫色作为主色调，白色花毛茛和白色细叶沿阶草互相搭配呼应，紫色花毛茛和紫色三叶草互相搭配呼应。

植物介绍

紫色矮生花毛茛

白色矮生花毛茛

常春藤

细叶沿阶草

三叶草

种植材料

粗椰糠

缓释肥

种植步骤

01

将花毛茛脱盆去土。花毛茛属于块根植物，根部有爪子般的块茎。在处理开花成品苗时，要保留其根系的完整，只去除上层根系较少处的土壤，多余或者发黄的叶片也需要摘除。

02

三叶草需要分株成小丛备用。三叶草属于走茎植物，枝条匍匐生长。在分株时根据枝条走向，用剪刀剪开根系，分成 2 ～ 3 小丛；整理根系和枝条，将根系握成球状，方便后期种植。

03

在容器中填入湿润的粗椰糠作为种植材料。粗椰糠拥有良好的透气性，同样可作为排水层使用。将粗椰糠填至容器一半的深度后加入适当的缓释肥，将缓释肥与粗椰糠混合均匀后，开始种植植物。

04

首先种植花毛茛。3棵花毛茛以三角的形式种植，注意植物的形态，观赏面均朝外，株型较大的白色花毛茛种植在前侧。不宜种植过深，根茎结合处距离盆面2～3厘米即可。

05

在白色花毛茛两侧种入紫色三叶草，用细碎的紫色叶片分割白色与紫色花毛茛。在两棵紫色花毛茛之间种入一丛细叶沿阶草，将另一丛细叶沿阶草种植在对角的位置，形成呼应。

06

在花毛茛后侧种入长枝条的常春藤，使枝条围绕在花毛茛之间，用花毛茛叶片固定住常春藤，盆栽会显得更加自然。种植完成后，在植物根系之间填入粗椰糠，并浇水保持土壤湿润，待盆底流出清水即可。

注意事项

花毛茛属于春季的块茎植物，需要良好的排水，在种植材料的选择上，透气且排水良好的粗椰糠是最佳的选择。花毛茛不宜种植过深，若种植过深，在后期生长中茎部容易潮湿、腐烂。在大色块的植物之间，用细碎的小型植物填充，使盆栽呈现出不同的层次感；加入线条型和藤蔓型的植物会让盆栽更具灵动感。

养护要点

花毛茛喜稍干燥的种植环境，需要保持土壤湿润、不积水。花毛茛花瓣柔弱，不宜暴晒、淋雨。在日常养护时，需要将其摆放在有遮挡的日照下，切记花朵要避免淋雨或在浇水时避开花朵，以免花朵内部积水导致腐烂。花毛茛在夏季时休眠，休眠后可将其挖出，替换成夏季植物。

花毛茛的后期修剪需要注意避雨。花毛茛的花枝中空，不宜修剪得过短，在花下 4～5 处厘米修剪即可。修剪完毕后将其摆放在避雨的环境中，因为雨水进入枝干会导致植物整体腐烂。浇水时也注意不要直接喷洒，可用浸盆或在周围浇水。

更换植物

花毛茛组合盆栽中的常春藤和细叶沿阶草来自冬季的仙客来组合。临近 5 月，仙客来即将进入休眠期，而常春藤与细叶沿阶草属于多年生耐热型植物，此时可以将这两种植物替换出来，组成新的组合。

在度夏前需要将仙客来的残花全部摘除——捏住花枝旋转，花枝会从球茎上脱落。如果直接修剪花枝，花枝会逐渐枯萎、腐烂，影响球茎生长。

仙客来在度夏时需要注意将其球茎的一半露出土壤表面，若种植过深球茎容易因为潮湿而腐烂。可在土中加入缓释肥，让球茎在完全休眠前有足够的生长养分。

仙客来休眠需要阴凉湿润的环境。将仙客来摆放在半阴通风的环境中，夏季减少浇水次数，即可度夏。或可强制其休眠——在夏季完全断水，让叶片全部发黄、枯萎，只保留球茎，待秋季气温降至 20° C 以下后再进行浇水，使其萌芽。

林地花园的萌芽

作品简介

林地花园里，冬季盛开的铁筷子正在褪去颜色，变成低调的“冬日铃铛”；代表着早春的洋水仙在蕨类的叶片里穿插而出，在枯枝中盛开带着浓郁香味的花朵；角落里黄色的欧洲报春花也在盛开；高山草莓开着小白花，等待着结出可人的果实来吸引动物来这片花园里。

设计灵感

春季的洋水仙开得正好，多花的洋水仙没有大花洋水仙华丽，像是林地里低调不起眼的小花；铃铛花形的铁筷子也比其他东方系铁筷子不起眼。将这些不起眼的植物聚集在一起，混合成一座自然的林地花园。

植物介绍

洋水仙

铁筷子

牛舌樱草

欧洲报春花

多花素馨

蹄盖蕨

高山草莓

种植材料

粗椰糠

通用种植土

泥炭土

珍珠岩

陶粒

种植步骤

01

在容器内填入适量的排水层和种植材料，排水层可选择使用粗椰糠或者陶粒，若容器较深，应铺设 5 ～ 10 厘米厚的排水层，有利于快速排水。填土至容器的一半深度即可，方便植物种植。

02

由于盆口较大，植物不需要提前缩小土团。铁筷子的根系密实，可以直接种植，注意铁筷子的种植深度要以芽点恰好在盆口的位置为准，不宜过深，避免芽点因长时间闷湿而腐烂。

03

在铁筷子的旁边种入洋水仙，洋水仙的种植深度与铁筷子相似，芽点位于盆口即可。洋水仙属于根茎植物，所以要尽量保留其原有根系。在铁筷子的后方种入蹄盖蕨，蹄盖蕨属于须根植物，可去除一部分土壤后种植。

04

在铁筷子和洋水仙之间种入蔓生的多花素馨。小盆的植物在种植时会有土壤不够的情况，需要注意填土。在种植牛舌樱草时，牛舌樱草的土团与铁筷子一类的大土团的高度不同，所以要先进行一部分的填土。

05

陆续种入高山草莓和欧洲报春花。牛舌樱草与欧洲报春花同属黄色系，可在两者之间种入观赏型的高山草莓增加视觉感，分散黄色部分带来的视觉冲击。植物种植完成后进行填土。可在填土时轻压土壤，使得根系之间的空隙也能被填满，既可使后期根系生长得更加良好，也可固定植物，以免出现移位的现象。

06

用枯枝在容器中制作爬架，供多花素馨攀爬。枯枝之间互相支撑或用麻绳固定即可，将多花素馨的枝条盘绕在枯枝上。修剪欧洲报春花的枯黄叶片。硕大的欧洲报春花叶片在生长期容易因新陈代谢导致边缘发黄、变枯，影响美观，在种植完成后修剪即可。全部植物种植完成后进行浇水。

注意事项

养护要点

铁筷子、蹄盖蕨和欧洲报春花属于耐半阴不喜暴晒的植物，所以适合摆放在半阴、潮湿的环境中，保持叶片和土壤的湿润很重要。在夏季来临前修剪一部分休眠的植物，将盆栽移至没有阳光直射的环境中；铁筷子在夏季必须遮阳生长。

种植半个月后，洋水仙和欧洲报春花的花期将至，此时需要修剪残花，以便后期生长。主要修剪的部分是欧洲报春花的残花枯叶与洋水仙花后的种荚。洋水仙开完花后，绿色的种荚会日渐膨大，如果不及时修剪种荚，会消耗养分用于种子生长，影响来年的开花。

修剪洋水仙的种荚有两种方式：

一是只修剪种荚，保留枝干，让枝干的养分倒流回球根内，但空空的枝干影响美观；

二是将种荚、枝干全部修剪，剪至球根以上 5 厘米处即可，这样观赏时更加美观。球根的养分可以在后期的施肥中补充。

种植两个月后，欧洲报春花已经过季，蹄盖蕨长出了新叶，惊喜的是高山草莓开始结果，果实带有浓郁的草莓香味。林地花园即将进入夏季。

樱之星

作品简介

粉嫩的美女樱也是春季植物的代表，花瓣上粉色的斑纹像极了樱花，与洋葵可爱的粉色小花互相映衬，就像春光洒在花瓣上，美丽动人。

设计灵感

粉色美女樱和粉色洋葵的搭配，让人想起了春季的樱花。美女樱和洋葵搭配浅色系的观叶植物。闪闪发光的银叶和白斑植物使得盆栽整体都呈现出明亮的色彩。

植物介绍

美女樱

洋葵

银叶野芝麻

斑叶活血丹

马蹄金

种植材料

粗椰糠

缓释肥

种植步骤

01

处理美女樱和洋葵的土团。洋葵属原生天竺葵类，在种植时盆栽苗时尽量保留其根系的完整，只需要去除根系较少处表面的土壤。正在开花的美女樱也只需要去除其表面的土壤，保留其大部分根系，以免花朵受到影响。

02

将银叶野芝麻与斑叶活血丹进行分株。蔓生型植物可以从根系处分株，在根茎结合处用剪刀将其剪开，分别握住两侧，将根系整理后分成两丛。蔓生型植物有着枝节生根的繁殖能力，枝条碰到土壤就能生长出新的根系。

03

在容器内先加入一半的湿润粗椰糠作为种植层，在粗椰糠中加入缓释肥作为生长养分，将缓释肥与粗椰糠混合均匀即可开始种植植物。

04

将两棵美女樱分别种植在容器两侧，再将两棵洋葵分别种植在美女樱的对角。四棵植物成对角放置，花朵之间高度相似。种植不宜过深，根系距离盆面 1 ～ 2 厘米为最佳，种植过深容易导致枝条发黄、腐烂、影响成活。

05

将银叶野芝麻、斑叶活血丹和马蹄金拼凑成组群，分别种植在空隙处。银叶野芝麻有着较大的叶片，可以种植在容器的前方，将蔓生的长枝条向外牵引，枝条自然下垂。

06

整理过长的枝条，将其穿插在植物之间，用叶片固定住枝条。种植完成后。用粗椰糠填充空隙及铺面，最后进行浇水，等待盆底流出清水即可。

注意事项

种植要点

美女樱和洋葵在种植时需要注意不要将茎部埋入土中，以免受长时间的潮湿影响导致枝条腐烂。在种植时需要注意植物各自的朝向，不要将花朵集中在一起，均匀分布会使盆栽整体更加和谐。

养护要点

美女樱和洋葵是喜光照的开花植物，在种植时需要良好、充足的光照。美女樱需要及时修剪残花，才能促进二次开花；洋葵在花后会结出种荚，等待种子完全成熟后修剪种荚，将种子取出后装好。春季的植物生长迅速，需水量大，如果植物发蔫、花头低垂、花朵发黄就表明缺水，需要及时补水。

种植两周后，美女樱的花期结束，需要对其进行修剪以促进二次开花。美女樱花后留下花托，如果不加以修剪，后期结果会消耗养分影响开花。

美女樱的单朵花期为 1 ～ 2 周，花后及时修剪就能快速促进新的花苞生成。修剪时只需要修剪花托，因为花托以下的一对芽点后期会长出花苞继续开花，过长的枝条也可进行修剪。待洋葵的种子成熟后可以将其花枝剪去。

赠予春天的
花环

作品简介

此盆栽为充满春日气息的欧洲报春花组合，长相精致的植物不禁让人怦然心动。将其做成花环的形式，挂在门口迎接春日的到来。

设计灵感

低矮、不易变形的欧洲报春花适合制作用于平面观赏的盆栽，低矮、紧凑的羽衣甘蓝在冬季不易变形，香雪球和角堇匍匐生长的特性使其适合用来制作悬挂式的盆栽。当有一定的植物数量时，重复使用植物来制作组合盆栽更能展示植物的魅力。

植物介绍

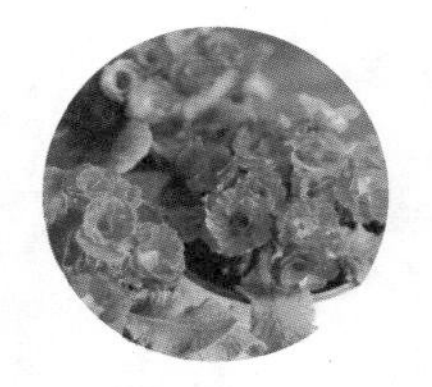

欧洲报春花

欧洲报春花

欧洲报春花

角堇

香雪球

羽衣甘蓝

羽衣甘蓝

常春藤

戟叶纽扣玉藤

种植材料

水苔

种植步骤

01

修整植物。在动手制作前应先处理植物，将黄叶、残花、花托和多余的枝条摘除，保证植物的外观干净。这有利于提升盆栽整体的美感。

02

处理植物。欧洲报春花的根系柔弱，容易损伤，可以将其上层根系较少处的土壤去除，轻捏土团使土壤中的空隙减小，从而缩小土团。

03

将羽衣甘蓝等可以分株的植物分成若干棵，缩小土团，捏成球状备用。角堇、香雪球和常春藤。制作花环时要求植物的土团应尽量小，这样更容易制作出具有丰满感的作品。

04

先将同色系的欧洲报春花按照三角的形式摆放在花环中，花朵可以有不同的朝向。以这 3 棵欧洲报春花为基准，再在其中穿插摆放 3 棵浅色的欧洲报春花。容器较浅，欧洲报春花的土团正好放入，其叶片高于容器。如果叶片低于容器，可在容器的底部先填入水苔，抬高植物。

05

在两棵欧洲报春花之间种入香雪球和角堇，以对角的方式种植相同的植物，让花环变得匀称、丰满。在种植低矮的植物时需要注意枝条的方向，以使其蔓延生长。将分成多棵的羽衣甘蓝均匀地种植在欧洲报春花之间，高低错落的分布使得盆栽整体更加饱满、自然，以三角形构图分布的种植更加简单。

06

最后加入线条型植物戟叶纽扣玉藤作为点缀。将常春藤的枝条围绕在欧洲报春花四周隐约露出叶片，整理花朵的形态，角堇和香雪球可以穿插在欧洲报春花之间。全部植物种植完成后，在空隙处填入水苔，轻轻将其压实。水苔在这里是作为植物的种植介质和固定材料。在花环的内外两侧都需要填入水苔，最后倒扣花环，植物也不会掉落就说明固定完成。种植完成后浇水，将水苔内部全部浸湿即可。

注意事项

种植要点

在用环形容器种植植物时，有两个注意点，即重复使用植物和均匀分布种植。重复使用植物可以是使用同样的植物或者是色系相同的植物，又或者是体量相同的植物，这样重复 3～5 株的效果会非常好。均匀分布植物是指相同的植物以 3 个点或者 5 个点的形式分布在容器内，互相关联，呈现不同的朝向。这样的组合盆栽会成为一个饱满的整体。

养护要点

可以悬挂的组合盆栽在制作完成后，需要先平放 4 ～ 5 天，使其根系和枝条得以生长，加强固定，这样盆栽在悬挂后不易散落或变形。可直接将花环泡入水中，浸泡 1 ～ 2 分钟后取出，沥干水分可以继续悬挂。可 1 ～ 2 个星期旋转一次花环，这样可使植物不会偏向生长，观赏性更佳。

03

夏季的组合盆栽

打翻调色盘的
绚丽盆栽

作品简介

彩叶草有着绚丽的叶片，这是一种叶片比花朵更加绚丽的植物。用不同色彩的彩叶草制作的组合盆栽，就像被打翻的调色盘。
热烈的红色、不同的形态，在彩叶草里可以找到各种的可能性。彩叶草对夏季的高温有较强抗性，它的盛开是夏日里绚丽的一幕。

设计灵感

彩叶草拥有无比绚丽的色彩，是夏秋季节彩叶植物中的主角。简单地运用几种彩叶草，就能制作出别致的夏秋季组合盆栽，呈现出明亮的色彩。

植物介绍

彩叶草

重瓣禾叶大戟

彩叶草

彩叶草

种植材料

通用种植土

天然椰丝

种植步骤

01

将彩叶草脱盆，轻掰土团，减少土壤，捏成球状。彩叶草的生根能力较强，可以去除其大部分的根系，方便后期种植。

02

将株型较大的彩叶草种植在容器的左侧，调整其方向、高度，使其观赏面向前，根系距离盆壁2～3厘米。

03

在彩叶草的中间种入2～3株重瓣禾叶大戟。重瓣禾叶大戟枝条细长，适合穿插在其他植物之间种植，起点缀作用。

04

种入不同叶形的彩叶草，以前低后高的分布形式种植，将低矮的品种种植在观赏面的正前方。

05

全部植物种植完成后，在周围填上通用种植土，轻压土壤，填补植物之间的空隙。

06

为方便浇水和后期管理，在土壤表面铺上天然椰丝。天然椰丝可以防止浇水时叶片沾染泥水，也可以防止杂草种子落入土中。

注意事项

种植要点

彩叶草在夏季生长迅速，需要定期修剪以保持形态。此外，彩叶草在夏季水分蒸发量大，当叶片变软、发蔫时需要及时补水。

彩叶草在阳光充足的环境中可以表现出绚丽的色彩，所以此盆栽更适合摆放在光线良好的环境中，遮阳会导致其叶片发绿。

彩叶草耐寒性较差，冬季处于低于 0° C 的环境中会冻伤。因此在冬季来临前可将彩叶草更换成冬季植物。

进入冬季，持续低于 0° C 的温度会导致彩叶草组合叶片枯黄、死亡。如果想要使彩叶草正常生长，可以在入冬前将其搬入室内，放置于向阳处养护。彩叶草冻伤后可将其替换成秋冬季节的植物。

入冬后冻伤的彩叶草。

用花篮制作浪漫的
夏日花园

作品简介

在自然风格的花篮容器中，种植上专属夏季的花草，这样满满一盆繁盛灿烂的盆栽，聚集了夏日里的小可爱。
不同的观叶植物营造出叶片的变化，细碎的小花点缀其中，演绎着浪漫的夏日花园风情。

设计灵感

夏季，少了春季的繁花，不免让园艺生活变得单调无味。收集夏季开花的植物，种在花篮里，是给夏季的丰富礼物。

植物介绍

重瓣禾叶大戟

朱唇

雪叶菊

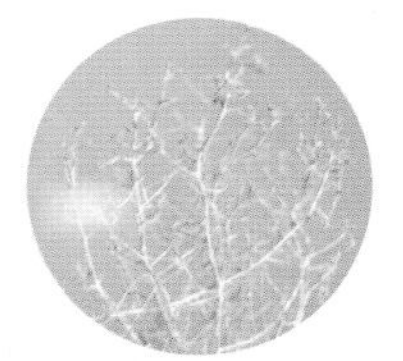

鳞叶菊

萼距花

彩叶草

头花蓼

种植材料

泥炭土

珍珠岩

天然椰丝

通用种植土

种植步骤

01

将所有的植物脱盆，把根系周围的土壤打散，方便后续的种植。将打散后的根系轻捏成球状，使其不散开即可。

02

在花篮的靠后方种入高挑的重瓣禾叶大戟，将其作为背景植物。若容器较大，则需要种植 2 ～ 3 棵重瓣禾叶大戟。

03

在重瓣禾叶大戟前后各加入 1 棵朱唇，可以将朱唇倾斜向外种植，营造盆栽整体的空间感。整理朱唇的枝条，使其和重瓣禾叶大戟互相穿插、融合。

04

以花篮把手为界，在两侧分别种植鳞叶菊和雪叶菊。将枝条疏落的鳞叶菊种植在靠前的位置，将叶片较大的雪叶菊种在靠后的位置。

05

将形态扁平的萼距花种植在组合的后方，叶片较大的彩叶草种植在组合的前方，遮挡住花篮的边缘。再将呈下垂形态的头花蓼种植在花篮边缘，柔化花篮与植物的分界，制造叶片从花篮中溢出的效果。

06

全部植物种植完成后，在植物空隙之间填入种植材料，用天然椰丝进行铺面，遮挡住裸露的土壤。这样在后期浇水时，土壤不会被直接冲出弄脏地面。

注意事项

种植要点

种植两周后，植物开始生长，形态更加自然。

养护要点

在使用竹编、藤编的花篮种植植物时，需要使用隔水纸，让土壤与容器隔开，延长花篮的使用寿命，让花篮外表尽量减少与水分的接触，避免发霉损坏。由于花篮的深度有限，种植时可以不使用隔水石，直接种植。

以观赏面为准：制作单面观赏的组合盆栽时，应采用前低后高的植物分布形式；制作四面观赏的组合盆栽时，则采用中间高四周低的分布形式。

朱唇和彩叶草等生长迅速的植物，花后可通过修剪来控制其长势，修剪到芽点处以促进枝条的生长。

彩叶草属于不耐寒型植物，在低于 0° C 的环境中会冻伤，可在入冬后修剪其枝条或将其替换成冬季植物。

修剪冻伤的彩叶草，并根据枝条的长势，回缩一半的枝条，将其放置在温暖的环境中养护。

玻璃容器里的 梦幻花园

作品简介

玻璃容器时常带给人简约、时尚的感觉，常以各种生活用具出现在日常生活中。那我们是否能将组合盆栽种植在玻璃容器中，让玻璃容器发挥新的用途呢？

夏季是正值植物生长的季节，选用简单的玻璃容器搭配蓝紫色系的花草，营造出自然繁盛的梦幻花园，在夏日带来一阵清凉之风。

设计灵感

玻璃容器是日常生活中必不可少的容器，而在炎热的夏日，具有清凉感的玻璃容器搭配蓝紫色系的植物，会有非常惊人的表现。

植物介绍

常春藤

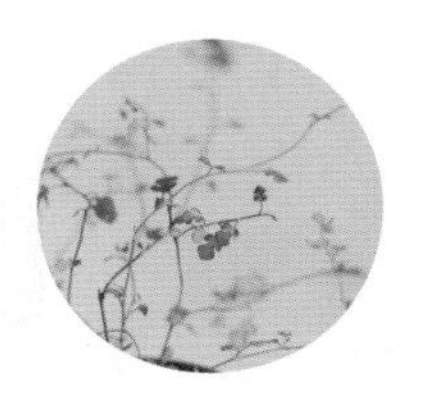

纽扣玉藤

夏堇

种植材料

桐生砂

水苔

粗椰糠

种植步骤

01

将所有植物脱盆，打散根系周围的土壤，去掉一半的土壤。然后将土团捏实，缩小根系部分，方便后期种植。

02

将准备好的植物以 2 ～ 3 种植物为一组拼凑在一起。将土团埋实，可在土团上喷洒少量水，增加土壤黏合力。

03

将浸泡好的水苔完全包裹住土团，注意不要将植物的叶片包裹进去。包好后握实水苔，使植物根系不会散开。

04

在玻璃容器中，先铺设 1 ～ 2 厘米厚的桐生砂作为隔水层，以阻隔多余的水分。再用浸泡好的粗椰糠填满玻璃容器的一半，作为植物后期生长的介质。

05

将水苔包住的植物土团根据玻璃容器的口径大小进行调整，缩小至可以完全放进玻璃容器中。在瓶口处留 3 ～ 4 厘米深的空隙，方便后期填土。

06

在空隙处填入粗椰糠，轻轻将其压实，防止水苔在浇水后膨胀溢出。种植完成后整理植物的枝条，让枝条呈现向四周散开的状态。

注意事项

养护要点

由于玻璃容器没有普通花器都有的排水口，所以用玻璃容器种植的盆栽不能放置在室外会淋雨的位置，可将其放在室内向阳的窗台上观赏。
浇水时也需要注意观察瓶壁的水汽，水苔的吸水程度以水苔吸饱水但容器底部不积水为合适。
虽然此盆栽是作为室内植物组合来种植的，但是还是需要将其摆放在阳光充足的环境中进行养护。

开花的夏堇需要在花后摘除残花，将整朵残花连同花一同摘除。

浇水时将底部的桐生砂全部浸湿即可。选用保水型的种植材料，可减少浇水次数，若玻璃内壁上含有水汽，则要避免将植物根系长时间浸泡在水中。

夏日轻鸣

作品简介

香彩雀就像是一群小鸟站在枝头上，与夏日里的清脆鸟鸣相互呼应。香彩雀在夏季欢快地盛开，粉色系为主的组合盆栽在庭院里光彩夺目，有着欣欣向荣的生命力，摇曳的纽扣玉藤沙沙作响。原来这是一首轻鸣协奏曲。

设计灵感

香彩雀的花朵形似小鸟，以这种具有灵动感的植物为主制作组合盆栽，选择高挑飘逸的配角植物是个不错的方向，带有斑纹的红莲子草可以增加盆栽色彩的层次感，它们会是一个欢快的夏季组合。

植物介绍

紫娇花

香彩雀

红莲子草

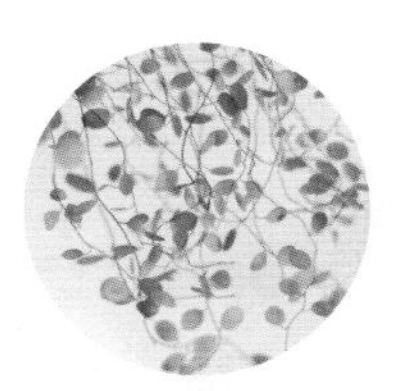

纽扣玉藤

种植材料

陶粒

泥炭土

珍珠岩

通用种植土

天然椰丝

种植步骤

01

选择高挑的紫娇花作为盆栽的最高点，紫娇花的花序会高于叶片。在种植时需要种植在容器的中心，种植2～3棵会显得更加饱满。

02

在紫娇花的前后方各种上两丛香彩雀，香彩雀花序成放射状，种植多棵会形成比较饱满的形态。

03

将红莲子草进行去土分株，以2～3棵为一组，种植在两丛香彩雀的中间。红莲子草宽大的叶片和香彩雀线条感的形态形成反差，增加盆栽的看点。

04

全部使用线条型的植物会显得盆栽底部单薄，将疏散的纽扣玉藤种植在底层，遮挡植物间的空隙。纽扣玉藤的枝条围绕着盆口，在视觉上增加了层次感。

05

全部植物种植完成后，在根系空隙处填入种植材料。最后用天然椰丝进行铺面，平衡盆栽的视觉重量，使其不会显得头重脚轻。

注意事项

养护要点

香彩雀是夏季植物，在高温时能持续地盛开，但在花期结束后，需要及时修剪残枝，以促进新枝生长。修剪宜在新芽以上 1 厘米处进行，切口以下的第一对芽点会率先生长；在修剪时注意整体形态的变化，保持同一种植物的高度相似。

香彩雀和红莲子草属于非耐寒型植物，在冬季降温时，可以将这两种植物取出来单独种植。

04

秋季的组合盆栽

粉色泡泡梦

作品简介

秋风一吹，预示着有几种植物将大放异彩，展示只有短暂一季的美丽。属于秋季的粉色花朵，如同泡泡般短暂而美丽，让人忍不住想要捧在手里。

设计灵感

秋季是花鹤翎和白花紫露草一年中最美丽的时刻，花鹤翎开出粉色的小花，白花紫露草只有低温时才会出现粉色的叶片。彩色马蹄莲也在秋季盛开。用这些植物进行搭配，会碰撞出怎样的火花呢？

植物介绍

彩色马蹄莲

花鹤翎

白花紫露草

银边常春藤

种植材料

陶粒

泥炭土

珍珠岩

通用种植土

种植步骤

01

在容器中垫入排水用的陶粒作为盆底石。对于较深的容器，盆底石可以填至其 1/3 的深度，增强排水的作用。将所有的植物脱盆。马蹄莲属于块茎植物，根系不宜拆散，建议保留原土团。将其他植物的土团打散，方便种植。

02

填上盆底石后填入种植材料，填至一定的位置后，将盆栽连盆放入容器中，植物原盆口距容器口 1 厘米为佳。

03

依次种入主角植物彩色马蹄莲和背景植物花鹤翎。花鹤翎的枝条纤细，适合穿插在马蹄莲的大叶片中，呈现自然生长的姿态。

04

在马蹄莲的前方种入白花紫露草。白花紫露草向上生长，因此在种植时要注意枝条的方向，以多棵的形式种植达到丛生的效果。

05

将银边常春藤种植在白花紫露草的旁边，调整常春藤的枝条使得长枝向上缠绕在马蹄莲上，枝条不垂于容器上，使得盆栽整体呈向上生长的形态。

06

全部植物种植完成后，在植物之间的空隙处填入种植材料，压实土壤。再用陶粒进行铺面，最后进行浇水，浇水至盆底流出清水即可。

注意事项

养护要点

彩色马蹄莲属于块茎型植物，要选用透气性较好的粗陶花盆种植，避免因为不透气而导致烂根。在日常维护时注意不要多次浇水，以免由于土壤过于潮湿而使叶片发黄、根系腐烂。

对于较深的容器，增高排水层对植物更有利。

此组合盆栽的植物均为不耐寒型植物，冬季不能放置在温度低于 0° C 的室外，需要摆放在光线充足的室内向阳处养护。马蹄莲的花期较长，单朵花期可达 1 个月左右，花后将花朵连同花枝一同剪除即可；花鹤翎花后可回缩枝条，将其修剪至合适的长度，以便后期生长的枝条更加紧凑。

魔幻世界的
机关花园

作品简介

说起瓶子草，首先想起的就是那些瓶子草会捕捉虫子且吃掉它们的故事。瓶子草的神奇之处就在那些布满机关的叶片上。

用瓶子草制作自然风格的组合盆栽，用暗色系的植物凸显瓶子草魔幻般的色彩，红色的叶片更是为其蒙上了一层神秘的面纱。

魔幻世界里的花园，布满了机关，小心！

设计灵感

秋季的瓶子草叶子由于低温而开始变红，也变得格外艳丽。瓶子草常单独种植，如果用于制作自然风格的组合盆栽会非常有趣。

植物介绍

威尔逊瓶子草

花叶络石

苔草

麦冬

种植材料

水苔

粗椰糠

种植步骤

01

在容器底部铺设 1 ～ 2 厘米厚的浸泡过的粗椰糠，起到排水的作用。

02

将植物脱盆去土。保留瓶子草的部分原土，不宜去除瓶子草太多的土壤。将苔草进行分株，分成小丛备用。

03

把处理好的植物根据不同的观赏面进行拼凑 : 苔草在中间，瓶子草和花叶络石分别在其左右两侧，麦冬在其前后两方。

04

用浸泡过的水苔包裹住植物土团，轻压水苔，挤出多余的水分。注意要把土团全部包裹住。

05

将水苔包住的植物土团放入容器中，在空隙处填入水苔，植物之间的空隙处也需要填入水苔。植物土团可以比盆口高 1 厘米左右，呈现出低矮的山丘状。

06

整理植物的形态，可以加入岩石和枯木等自然装饰物来呼应主题，种植完后浇水冲洗叶片，浸湿种植材料。

注意事项

养护要点

瓶子草更适合用软水浇灌，所以在浇水方面需要格外注意。

对盆栽补水时需要连同容器一同浇水，容器干燥会导致叶片发枯。在日常养护时，可将盆栽底部泡于清水中，保持土壤的完全湿润。

瓶子草看上去柔弱，却有着较好的抗性，冬季气温低于－2°C 时仍然可以正常生长。在夏季，需要时刻注意为瓶子草补水，瓶子草缺水会导致叶片干枯甚至整棵死亡。

如同初吻的

可爱组合盆栽

作品简介

以石竹作为主角植物的粉色系的小花朵绽放在绿叶中，轻盈灵动的苔草赋予盆栽更加自然的气息，这是在秋季制作的花束般的组合盆栽。
这样一盆可爱风格的组合盆栽，适合送给自己的心上人。

设计灵感

石竹有着超长的花期，可从秋季一直盛开到来年春季，小小的花朵惹人怜爱，因此搭配了同样可爱的千日红和苔草。此盆栽整体以粉色系与浅绿色系为主，是一个可以长期观赏的组合盆栽。

植物介绍

石竹

苔草

常春藤

千日红

种植材料

水苔

陶粒

种植步骤

01

将苔草和千日红，分成若干小株。在对苔草分株时握住其根茎处，轻掰芽点即可。将处理完成的植物依次摆放，方便后期种植。

02

在作为主角植物的石竹旁边，分别加入小株的苔草、常春藤和千日红。由于千日红枝条高挑，应将其安排在内侧，低矮的常春藤则安排在外侧。

03

将所有植物拼成一束后，整理植物的枝叶。注意芽点的统一，不要将芽点深埋在土中。将线条型的苔草穿插在石竹之间，使盆栽呈现出自然生长的模样。

04

在植物土团上包裹浸泡后的水苔，使其不易散开。注意不要将叶片包裹进水苔里，否则容易导致叶片腐烂。底部的叶片可摘除。

05

在容器底部铺上少量的陶粒作为排水层，将制作好的植物土团放入容器中，调整高度。土团过深会导致植物内部不通风，过浅会影响浇水，土团距离盆口 1 ～ 2 厘米为佳。

06

种植完成后，再在盆口空隙处填入水苔，整理花朵和苔草。苔草呈分散状，使得盆栽整体呈发散状的形态。

注意事项

养护要点

由于选择的是全水苔种植，水苔的保水性使得盆栽中的土壤长时间都是湿润的状态。因此在养护时，可以减少浇水的次数，花盆变轻之后可以选择浸盆泡水的方法进行浇水。

水苔属于无养分的种植材料，为了补充植物养分在植物生长期可以适当使用叶面肥喷洒在植物表面作为养分。

石竹的花期较为集中，在开过花之后，花托会残留在枝条上，影响植物美观和后期生长。花后应该及时修剪，剪掉残花，促进枝条生长，重新开花。

让美妙的仙客来代替
夏季的狂欢

作品简介

夏季的彩叶草组合，在生长了整个夏秋之后，被一场初冬的寒风摧毁。彩叶草的耐寒性较差，温度过低叶片会枯黄甚至腐烂。别担心，当这些植物的“表演”即将结束时，我们就要寻找新的植物，来代替过往的狂欢。

设计灵感

彩叶草的观赏期过后，正值仙客来上市的季节，仙客来的观赏期可以从初冬一直持续至来年的 4 月，弥补了夏季植物过后的空缺。用简单的 3 种植物制作观赏期长的组合盆栽，是非常值得一学的。

植物介绍

皱边仙客来

细叶麦冬

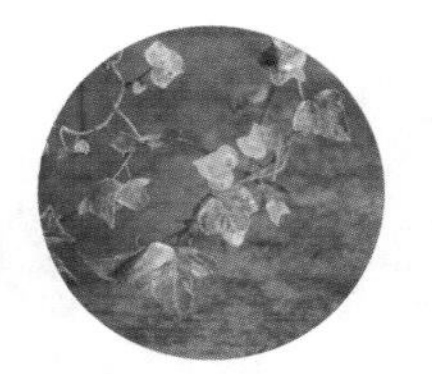

常春藤

种植材料

陶粒

泥炭土

珍珠岩

通用种植土

种植步骤

01

将原来花盆中已经冻伤的植物取出，清洗干净花盆。已经死亡的植物可以直接丢弃，依旧生长的多年生植物，可以种进花盆里继续养护。

02

选择适合容器大小的皱边仙客来进行种植。皱边仙客来叶片密集，容易出现叶片发黄的现象。在种植前需要把黄叶全部摘除，以免发生腐烂的情况。皱边仙客来属块根植物，在种植时需要将根部的块根露出，避免积水导致球茎腐烂。

03

在容器底部放入陶粒作为盆底石，增加排水空间。将皱边仙客来种入盆中，露出的块茎距离盆口 1 ～ 2 厘米为佳。

04

在皱边仙客来的周围分别种入 5 棵细叶麦冬。整理细叶麦冬的叶片，将细长的叶片穿插在皱边仙客来的叶片之间，营造出自然生长的感觉。

05

选择长枝条的常春藤，种植在两棵细叶麦冬之间。植物种植完成后，在空隙处填入种植材料，轻压土壤，注意不要将皱边仙客来的块茎埋入土中。

06

将长枝条的常春藤根据枝条生长方向穿插在仙客来的叶片之间，用皱边仙客来的叶片来支撑常春藤。皱边仙客来的大叶片具有皱褶，可以牢牢固定住常春藤的枝条，不需要额外使用铁丝支撑。皱边仙客来和常春藤的叶片有着不同色彩和质感，增加了观赏的多样性。

注意事项

养护要点

仙客来属于块根植物，在养护时需要注意保持土壤的干湿循环，过于干燥会导致其花量减少、叶片枯黄，过于潮湿会导致其花朵、叶片腐烂。容器的选择应更注意透气性，红陶、粗陶和瓦陶等一系列透气性佳的容器为首选。

在日常养护中，花朵、叶片微微变软就说明盆栽现在处于略缺水的状态，需要进行补水；而叶片发黄、花枝腐烂就说明盆栽长时间处于湿润的状态，需要减少浇水次数或摆放在通风的环境中。浇水时注意不可将水浇在叶片上，否则会导致叶心积水，更容易使整株腐烂，浇水宜在植物周围进行浇灌。保持叶片、叶柄的干燥很重要。

仙客来稍不耐寒，长时间处于低于 0° C 的环境中会冻伤，在冬季适合将其摆放在阳光充足的室内窗台上养护。

想要仙客来持续地盛开，肥料必不可少，可用缓释肥进行施肥。花后及时修剪残花，轻旋花枝就能将残花整枝摘下，避免后面结实消耗养分。

05

冬季的组合盆栽

冬日焰火

作品简介

牛舌樱草在冬季会带来火焰般的色彩。将冬季常见的植物互相搭配，能碰撞出不同的感觉。红色系的角堇搭配黄色系的牛舌樱草，像是冬日里温暖的焰火。

设计灵感

牛舌樱草和角堇是冬日混栽植物中的两大明星，选择明亮的黄色、红色系作为主色调，搭配上棕叶苔草，整体都是温暖的色彩，在冬季会非常亮眼。

植物介绍

牛舌樱草

角堇

三色堇

棕叶苔草

角堇

种植材料

陶粒

泥炭土

珍珠岩

通用种植土

缓释肥

种植步骤

01

将角堇、牛舌樱草和棕叶苔草脱盆去土。冬季温度较低，根系恢复期长，可以将角堇和棕叶苔草去除一半根系使土团更小，方便后期种植。去除多余的种植材料后将土团捏实，避免根系散开。

02

在容器中填入陶粒作为排水层，厚度为 2 ～ 4 厘米，填入种植材料至盆器深度的一半，同时可以放入缓释肥与其他种植材料混合均匀。

03

在容器右侧种入牛舌樱草。牛舌樱草有着硕大的叶片，如果叶片过多影响观赏，可以对其进行修剪。在牛舌樱草的后方种入棕叶苔草，让棕叶苔草的叶片自然打开作为背景。

04

在容器左侧再种植一棵牛舌樱草，两棵牛舌樱草作为主角植物在容器中占据左右两侧。在牛舌樱草的前后两方种入同色系的角堇与三色堇，花朵较小的角堇种在前方，迷你的小花填充空隙，花朵稍大的三色堇种在后方以补充色彩。

05

将浅黄色的角堇种植在红色角堇的旁边，同样花形的角堇有着色彩不同的变化，在视觉上会更有层次感。整理植物的叶片，让棕叶苔草线条形的叶片自然地穿插在花朵之间，展开收拢的叶片和花朵，使盆栽整体呈现自然生长的形态。

06

全部植物种植完成后，在植物之间填入种植材料，使根系有足够的生长空间。轻压土壤表面，让种植材料更加紧实，起到固定植物的作用。最后浇水至盆底流出清水即可。

注意事项

种植要点

选择株型大、亮眼的植物作为主角植物，选择同色系的植物作为配角植物，穿插在主角植物之间，使得主角植物不再单调，而是与其他植物互相协调。采用对角的种植方式是使用多棵植物制作盆栽的一个诀窍。将线条型的植物藏在不显眼的位置，只露出其枝叶的部分，增添了盆栽整体的灵动感。

养护要点

牛舌樱草属于喜阴植物，而角堇属于喜阳植物，两种习性不相同的植物如何搭配？冬季阳光温柔、气温低，牛舌樱草在冬季能够在全日照的环境下正常生长，与喜阳的植物种植在一起没有任何问题。牛舌樱草和角堇耐寒性较好，冬季－3°C～－2°C的环境下仍可在室外过冬。但切记牛舌樱草不耐干燥，如果在生长期缺水会导致叶片发黄、花朵枯萎，影响美观。

春季过后，气温升高，角堇出现徒长、花量减少的情况。此时角堇的观赏期已经结束，可以将角堇替换。此时牛舌樱草的花期也即将结束，可以对其进行修剪，为夏季的休眠做准备。

牛舌樱草的花枝不宜修剪得过低，以免枝干内进水导致腐烂，在花下5～6厘米处修剪已经开过的花枝即可。修剪后需要避雨，以免雨水进入枝干内导致腐烂。

等角堇快要枯萎时可直接在根部剪除，或直接将整棵挖出来替换，等待3～4周后角堇根系死亡，可将牛舌樱草盆栽放置在阴凉通风的环境中。在江浙地区可以直接将其替换成新的夏季植物。

蓝色风信子

作品简介

我每年都会种上一盆风信子，享受着浓郁的香味，也等着春天的到来。在所有颜色的风信子里我最爱蓝色的，蓝色的风信子配上素色的陶盆，这就是我想象中球根植物盆栽的模样。一盆盛开着的蓝色风信子，弥散着期待的味道。

设计灵感

素色的陶盆用来种植球根植物再合适不过，简单的球根不需要复杂的搭配，选择同色系的小花遮挡住裸露的部分。将它们搭配在一起的模样就是春天的样子啊。

植物介绍

多花风信子

三色堇

角堇

千叶兰

种植材料

粗椰糠

山苔

陶粒

种植步骤

01

将球根植物脱盆，去除表层的土壤。球根植物的根系再生能力较差，损伤后难以恢复，去土时需要注意保护根系，只去除无根系的土壤。将角堇和三色堇脱盆后去除一部分根系，白色的须根再生能力强，可去除须根保留中心的根团。

02

在盆内铺设 3 ～ 4 厘米厚的湿润的粗椰糠作排水层，球根植物组合盆栽需要具备良好的排水性，陶粒或粗椰糠等颗粒均可作为排水层。带土团种植不需要提前在盆内添加其余的种植材料，填入排水层即可开始种植。

03

根据球根植物花剑的生长形式，以前高后低的形式摆放种植。可将多花风信子的球茎露出，球茎也是植物可观赏的一部分。

04

在球根植物之间的 3 处空隙分别种入花朵较大的三色堇和花朵较小的角堇，大花种植在后方，不遮挡视线，小花种植在前方吸引眼球。将稀疏的千叶兰种植在旁边，枝条攀附在盆缘上。

05

在植物的根系空隙处填入山苔，山苔有助于提升植物的美观度和促进植物生长，山苔的铺设也可使盆栽充满自然生长的气息。也可增加其他的装饰，如用金银花枝条制作的小围栏，使盆栽整体显得生动有趣。种植完成后进行浇水，注意浇水最好避免直接浇在叶片和花朵上，减少对植物的破坏，延长花期。浇水直接浇透山苔，直到盆底流出清水即可。

注意事项

养护要点

球根植物组合盆栽常用成品球根植物盆栽制作，这样可以调整球根植物开花时间的统一性，也能保证球根植物的生长姿态。用球茎来制作组合盆栽，容易出现植物开花时间不统一、花朵朝向混乱等情况，用成品植物盆栽更加方便。

球根植物在冬春季需要充足的光照，球根植物组合盆栽适合摆放在光照良好的窗台或庭院中，光照不足容易使球根植物出现倒伏徒长的情况。

球根植物喜稍干燥的环境，观察同一球根植物组合盆栽中草本植物（如角堇）的长势，可以辨别盆栽是否需要浇水：如果叶片或花朵变软，即表明盆栽处于缺水状态，需要进行补水。

球根植物在花期尽量避开雨水，花朵淋雨后会加速残败，缩短花期。

有别于普通风信子一球一花剑，多花风信子品种一球可开 3 ～ 4 个花剑，花期比普通品种长 1 ～ 2 个月。多花风信子的品种特性是持续盛开，首批花朵枯萎后，可将其花剑修剪至根部 4 ～ 5 厘米处，等待一周后新的花朵就会盛开。

临近 3 月，多花风信子的花期正式结束，修剪球残花，保留叶片，将其放置在光照充足的环境中，逐渐减少水分。角堇的自然花期也即将结束，可同时把角堇与三色堇一同修剪。

等待叶片全部枯黄后，多花风信子即进入休眠期，将其转移到干燥通风的环境完成休眠期，盆栽的一生也从此结束。

绽放的
珊瑚粉樱草

作品简介

用珊瑚粉色的四季樱草制作冬季的组合盆栽，开满了花朵的盆栽，在冬季里非常可爱。干净的容器搭配粉嫩的植物，用它来迎接新的一年。

设计灵感

珊瑚粉色的四季樱草是主角植物，用白粉色来凸显四季樱草的颜色，冬季植物欧洲报春花和羽衣甘蓝也是常见的植物。冬季的花叶络石变成了暗红色，与四季樱草的珊瑚粉色也非常搭配。简单的白色瓷盆不会抢了植物们的风头，在冬季也非常干净亮眼。

植物介绍

四季樱草

欧洲报春花

羽衣甘蓝

花叶络石

种植材料

粗椰糠

缓释肥

种植步骤

01

在盆内填入浸泡后的粗椰糠，填至盆一半的深度。同时可放入草花缓释肥提供生长养分。粗椰糠可以同时作为排水层和种植层，可满足排水和植物生长的需求。

02

将四季樱草脱盆后修剪其枯黄的叶片，缩小土团。欧洲报春花的根系比较脆弱，破坏其根系容易导致叶片、花朵枯萎，所以在处理土团时只需要轻捏其根系，保证根系不会被破坏。

03

羽衣甘蓝和花叶络石可按照根系分成多份，整理枝条形态，多余的土壤也可去除，保留根团中心。将处理好的植物根系捏成长条形，以便后期种植。

04

在长条形的容器两侧分别种入四季樱草，注意四季樱草的种植深度正好在低于盆口 1 ～ 2 厘米的位置，种植过深在填土时容易将根茎埋入土中，后期容易腐烂。在四季樱草之间种入低矮的欧洲报春花，倾斜朝外种植，前后各种植两棵。

05

四季樱草种植完成后，接下来种植小型的植物。小型的植物根系也比较小，在种植前可在空隙处先填入一部分种植材料方便种植。将羽衣甘蓝按照不同的方向种植在四季樱草周围，植物间的朝向都具有关联性，可以将它们想象成互相低语，这样高低错落的形态更加有趣。

06

在空隙处种入花叶络石。花叶络石属于蔓生型植物，蔓生型植物容易显得臃肿，将其枝条缠绕在四季樱草之间，避免将枝条垂在盆面上，使得盆栽整体更加清爽。
全部植物种植完成后，在空隙处填入粗椰糠并浇水，直到容器底部流出清水即可。

注意事项

种植要点

四季樱草和欧洲报春花的根系处理相似，细弱的根系一旦损伤严重就会影响后期的开花生长。在处理时尽量保持原来的根系完整，只需要去除其表面多余的土壤，将土团轻轻捏小，方便种植。在大量使用其他的配角植物时，注意植物之间的关联性，凸显植物不同的形态尤其重要。

养护要点

四季樱草和欧洲报春花忌夏季暴晒，但在冬季全日照有助于其生长，所以在冬季种植时可以将其摆放在光照充足的位置。可在冬季观赏的植物大部分都比较耐寒，在冬季可耐－5°C的低温，温度过低时可将其放置在屋檐下或走廊上等没有霜冻的地方。经常修剪残花也可使花朵持续盛开。球根植物花期应尽量避开雨水，花朵淋雨后会加速残败，缩短花期。

春季来临，冬季盛开的四季樱草和欧洲报春花花期将结束，此时可以修剪残花和花枝，四季樱草的花枝在根部以上 5 厘米处修剪即可。

同时修剪黄叶、枯叶，也可将密集的叶片稍加修剪，增强通风度，为夏季做准备。
夏季可将此盆栽放置在通风且避雨的环境中，时常检查叶片有无发霉等情况，若发霉需要及时修剪。

白色的 装饰画框

作品简介

垂挂的组合盆栽，利用立面的空间来装饰，以相框为底、植物为颜料，画出一幅生长的植物画。在冬季，利用欧洲报春花也能玩出新花样。

设计灵感

以相框的形式制作组合盆栽，首选低矮的植物，黑白色系在植物搭配中是一个高级的配色方式，暗色和亮色的对比会非常惊人。将大花和小花组合对比，也是不错的尝试。

植物介绍

欧洲报春花

迷你角堇

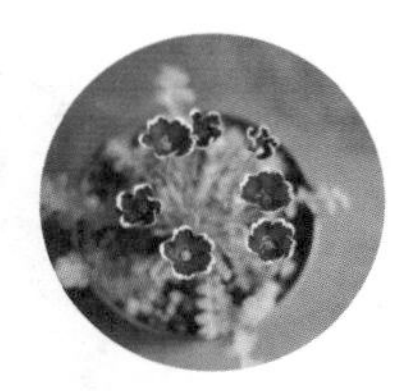

喜林草

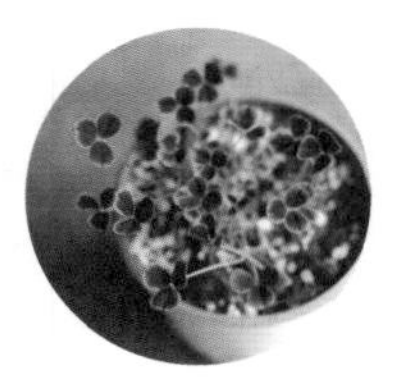

车轴草

红脉酸模

鳞叶菊

银叶野芝麻

种植材料

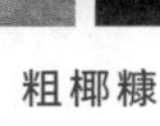

粗椰糠

水苔

种植步骤

01

修剪欧洲报春花多余的叶片。平面种植时多余的叶片会遮挡花束，影响观赏，修剪欧洲报春花的叶片对其生长没有过多的影响。将欧洲报春花脱盆，缩小土团，去除盆面多余的土壤，保留大部分根系，握实土团。

02

将其他植物同样去土，缩小土团。将车轴草根据枝条的形态分成 2 ～ 3 组。喜林草的枝条叶片脆弱，在处理时需要小心，以免碰断枝条。

03

在容器底部加入粗椰糠作为排水层，也可用水苔等材料。从底部开始种植，将不易变形的欧洲报春花种植在下层，下层植物通常被上层植物遮挡一部分光线。植物的向阳性驱使植物生长，但植物缺光容易变形，所以应尽量选择不易变形的植物种植在下层。

04

种植第一层之后，在植物之间铺上一层湿润的水苔，以免后期植物移位。铺上水苔后将其压实，即可进行第二层的种植。重复使用的植物——欧洲报春花可以以群组的方式出现，以对角或者三角的形式分布，大花与小花之间有互相呼应的作用。

05

在花朵较小的喜林草的对角种入同样花朵小的角堇作为呼应，小花可以穿插在花朵大的欧洲报春花之间，使得植物之间互相融合成为一体。分株的车轴草也作为小花植物使用，穿插在欧洲报春花之间。注意颜色的分布，将暗色的小花围绕在浅色的大花周围，这样的分布更加自然。

06

在种植的每一层都铺上水苔，在最后一层，种入观叶植物红脉酸模，银杏野芝麻和鳞叶菊作为收尾。全部植物种植完成后，用水苔将顶部空间填满，植物周围如果有空隙也要用水苔填满，以免在摆放和浇水时有土壤溢出。经过1～2周后，水苔会完全黏合在一起，不易散开，方便每次在顶部为盆栽直接浇水，浇水直至底部流出清水即可。

注意事项

种植要点

在平面种植中需要注意将相同植物均匀分布在容器中，不同大小的花朵互相穿插也会显得非常自然。将不易变形的植物种植在下层、易变形的植物种植在上层，将观叶植物种植在开花植物的周围，使得观赏面有主次之分，凸显层次感。

养护要点

以立面欣赏为主的盆栽，在种植 4 ～ 5 天后需要平放，等到植物恢复生长后可悬挂观赏。水苔干燥后吸足水分需要一定的时间，浇水时注意遵循多次的原则，浇水时每隔 1 ～ 2 分钟浇 1 次，浇 3 ～ 4 次，待盆栽明显变重即可。

油画风格的冬日组合

作品简介

浓郁风格的组合盆栽就如同油画作品里的插花，每一种材料都表现着它们独特的姿态，婀娜多姿都是自然的成果。把生长的植物作为材料，制作一盆油画里的古典风格的盆栽吧。

设计灵感

重瓣报春花和皱边三色堇属于精致华丽的植物，用来制作插花般的组合盆栽再合适不过；极具姿态感的金钩吻也非常适合制作组合盆栽，做旧风格的铁艺花盆也带有古典气质，这样组合会收到非常好的效果。

植物介绍

重瓣报春花　三色堇　角堇　角堇

三色堇　矾根　香雪球　黄金艾草

金边柠檬百里香　金钩吻　甜薰衣草

种植材料

粗椰糠

山苔

缓释肥

种植步骤

01

先处理重瓣报春花等植物。重瓣报春花属于根系恢复较慢的植物，所以在处理时尽量保留原有的根系，只去除表层的土壤，可以缩小根团，方便后期种植。也可修剪多余的叶片，去除影响观赏的叶片与残花。

02

将角堇和金边柠檬百里香等大部分植物去除土壤，缩小根团，将其根系捏成长条形方便种植。可以将角堇的大部分白色须根去除，缩小至原来土团的一半大小。将金边柠檬百里香分成 2 ～ 3 丛，金边柠檬百里香根系恢复力强，从根茎处剪开根系即可；分株后将根系聚集在一起，方便种植。

03

在容器内加入泡水后的粗椰糠，粗椰糠具有良好的透气性和保水性，不需要额外添加隔水层。在填入容器一半高度的粗椰糠后，可以适当加入缓释肥作为后续肥料。

04

逐步添加植物，底层的植物由垂吊生长的金边柠檬百里香、角堇和香雪球组成，香雪球种植在侧面更加有立体感。种植时植物枝条都需要朝外，这样才有明显的视觉观赏面。

05

种入蔓生型植物金钩吻，让枝条自然地下垂；陆续加入作为背景植物的三色堇与甜薰衣草。所有植物都倾斜向外种植，留出中心位置。注意调整甜薰衣草具有形态感的枝条，使其与下垂的金钩吻枝条形成呼应。

06

陆续添加植物，所有植物都朝一个方向种植。在容器中心靠后的位置种植株型较大的重瓣报春花和三色堇，方向朝前使其呈现饱满的形态。盆栽的后侧可用矾根等观叶植物进行填充，遮挡空隙和裸露的土壤。仔细地在植物空隙之处填入粗椰糠，轻轻将其压实。在粗椰糠上用山苔铺面，起到遮挡裸露的土壤和固定植物的作用。最后进行植物形态的整理，整理完成后浇水。

注意事项

种植要点

单面观赏的组合盆栽只有一个观赏面，要在有限的空间内表现植物的姿态，使用不同造型的植物是制作的关键。选择攀缘、垂吊、簇状等不同形态的植物进行种植，让盆栽整体具有设计感。可以提前将2～3种植物集成一组来种植，这样多棵植物变成3～4组植物组群，更加方便种植。

养护要点

此组合盆栽观赏期短暂，植物生长一段时间之后（约为 1 个月后），会出现变形等情况，此时可以将组合拆散，更换新的植物。在日常维护时，需要注意浇水和修剪残花，这样才能尽量延长观赏期。

06

室内的组合盆栽

玻璃容器中的 粉色云朵

作品简介

粉色的叶片就像悬浮的粉色云朵，明亮的卷柏匍匐在容器上，观叶植物在室内展现出不同的色彩，这是玻璃容器中的微花园。

设计灵感

把玻璃当作种植容器也是运用器皿的一种方式。用喜湿润的植物来制作组合盆栽，得益于玻璃容器的特殊性，这使得组合盆栽的观赏性也更加多样。

植物介绍

合果芋

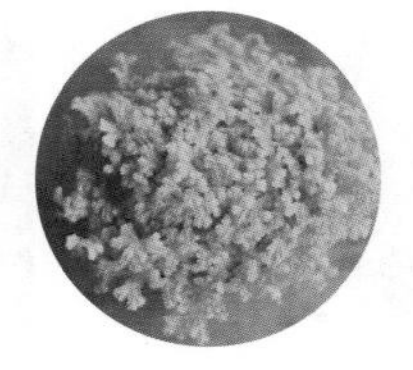

金叶卷柏

鸭拓草

种植材料

水苔

粗椰糠

砂砾

种植步骤

01

将合果芋脱盆后再将其土壤去除干净，可用清水冲洗其根系，根据每棵植物的生长情况将其分成若干丛。将金叶卷柏与鸭跖草进行分株。丛生型植物在根系处分株，双手握住根系处，手指伸入间隙，连同叶片将植物拆分成 2 ～ 3 组。将土团捏成长条形，以免根系散开。

02

合果芋、金叶卷柏和鸭跖草 3 种植物为 1 组，将其根系聚集在一起，注意芽点的位置需要保持一致。将低矮的金叶卷柏和鸭跖草放在周围，将较为高挑的合果芋放在中间，根系收拢握成一个土团。用湿润的水苔包裹拼凑成组的植物根系，露出芽点与叶片。由于水苔作为种植介质，不需要握紧，保证根系不会散开即可。

03

在玻璃容器中先填入 1 ～ 2 厘米厚的砂砾作为排水层，浅色砂砾既美观又能将种植材料与水分隔离。之后填入容器一半深度的湿润粗椰糠作为种植材料，在中间留出种植槽，方便后期种植。种植材料四周高、中间低，这样在观赏植物时不会露出水苔影响美观。

04

依次种入成组的植物，种植2～3组。种植时注意方向，将低垂的植物种植在外侧，不宜种植过深，芽点低于玻璃容器口1厘米即可。

05

整理植物的形态。整理蔓生型植物的枝条，使其以蓬松的模样覆盖在容器上，如果有空隙可以用小丛植物进行填补。全部植物种植完成后，用湿润的粗椰糠填入植物的空隙处，起到固定植物的作用。粗椰糠与植物芽点齐平，不宜过厚，以免植物芽点因长时间潮湿而腐烂。

06

最后进行浇水。玻璃容器没有排水孔，先将容器外部与叶片冲洗干净，再将容器中的粗椰糠完全浸湿，浸湿后倾斜容器，将多余的水倒出，保证粗椰糠湿润，首次浇水即完成。

注意事项

种植要点

在种植前，需要为玻璃容器等没有排水孔的器皿制作排水层，使用大颗粒的砂砾、陶粒和颗粒混合土制作均可。铺设 1 ～ 3 厘米厚的排水层，以免种植材料积水，导致植物腐烂。多棵的植物用重新组群的形式种植，将芽点与根系隔离。芽点高低不同容易导致部分芽点低的植物在种植后出现腐烂的情况，影响其他植物的生长。

养护要点

室内组合盆栽需要摆放在光照柔和的环境中，长时间暴晒会导致叶片出现晒斑和枯黄，其放置于光照柔和的窗台上较合适。在后期养护时注意观察粗椰糠的颜色，颜色变深即表明吸足水分，保持容器内粗椰糠的湿润、植物就能生长良好。底部砂砾稍有水分即可。

灿烂的明日之花

作品简介

此盆栽是适合在室内种植的多彩盆栽。酢浆草在窗台上等着阳光洒下，开出可爱的黄色小花。酢浆草日出而开，日落而闭，短暂却灿烂。

设计灵感

同为红色系的安祖花和酢浆草都可以在室内种植，用这两种植物搭配制作出的室内观赏的组合盆栽，比绿色的室内组合盆栽更加多彩。

植物介绍

安祖花

酢浆草

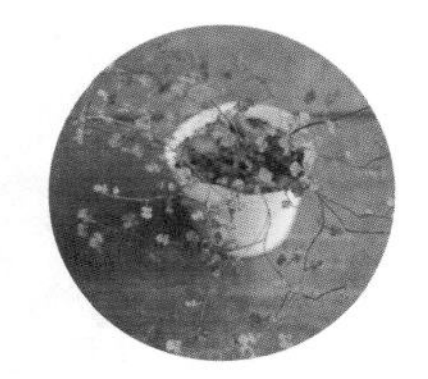

纽扣玉藤

种植材料

粗椰糠

缓释肥

种植步骤

01

安祖花常为小盆种植，准备时只需要脱盆，不需要去除土壤。大部分室内植物都有粗大或密集的根系，去除过多的根系对后期生长不利。将大盆的酢浆草和纽扣玉藤脱盆去土。酢浆草枝条脆弱，在处理时需要保护其枝条。纽扣玉藤等植物生根能力强，可以将土团缩至原土团的一半，方便后期的种植。

02

填入容器一半深度的湿润粗椰糠作为种植材料。粗椰糠有着良好的透气透水性，非常干净，也非常适合室内植物，可以用作大部分室内植物的种植材料。在粗椰糠中加入适量的缓释肥并混合均匀，缓释肥可以提供室内植物生长所需的养分。

03

将主角植物安祖花种植在容器中心偏右的位置。种植不宜过深，安祖花的上部分根须需要通风，一般要将其部分根系露出土壤表面，安祖花土团距离盆口 1 ～ 2 厘米即可。

04

将酢浆草种植在安祖花后侧靠边的位置，再将纽扣玉藤种植在安祖花与酢浆草之间，3 种植物在盆器中成为 3 个点。对于少棵的植物，三角的分布形式更适合观赏。

05

纽扣玉藤的枝条较长，在种植完成后整理其枝条，使枝条穿插在植物之间。整理酢浆草的枝条，将安祖花的大叶片和酢浆草的小叶片互相穿插，柔化叶片的色彩，增加质感。在土壤表面用粗椰糠铺面，起到填补空隙的作用。铺面正好盖过根系，露出枝条，可以避免根系因为长时间潮湿而腐烂。种植完成后可以先在叶片上喷水，冲洗叶片，再在盆面浇水。

注意事项

种植要点

若植物造型简单、数量较少，可以按照对角或者三角的形式来布局，呈现不同的质感与形态才是组合盆栽的魅力所在。株型较大的主角植物、丰满的配角植物和纤细的线条型植物，是组合盆栽的 3 个组成部分，将其互相穿插可使盆栽整体呈现出自然生长的形态。

养护要点

安祖花、酢浆草和纽扣玉藤都可以在室内良好地生长，这是一个室内观赏的组合盆栽。其需要充足光照，需要摆放在窗台等位置。此组合盆栽喜潮湿，过于干燥的环境会使酢浆草出现落叶的情况。

清雅风格的 绿萝组合

作品简介

此盆栽是清雅风格的室内盆栽，带有白色斑纹的绿萝非常特别，繁茂生长的植物使盆栽像是一座花园，植物既能各自精彩也能融为一体。来为窗台建一座绿色的花园吧。

设计灵感

将带有白色斑纹的绿萝作为主角植物，选择同样带有白色斑纹的常春藤和嫣红蔓来与其搭配。整体的搭配都是以白绿色为主，天青色的简单容器更加能衬托植物的颜色。

植物介绍

绿萝

常春藤

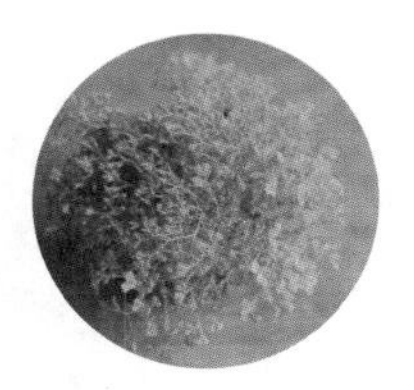

卷柏

嫣红蔓

种植材料

粗椰糠

缓释肥

种植步骤

01

将绿萝脱盆去土，分成小株。绿萝常为一盆多株，可根据生长形态分成单棵，根系过长可进行修剪。将常春藤、卷柏和嫣红蔓等植物以 2 ～ 3 棵为一丛进行分株。分株时轻轻握住土团，以枝条的分布为标准将土团分成两份，再分成多份，去除多余的土壤。

02

将植物以不同的形态聚集在一起，每次叠加不同的植物，以芽点为基准进行叠加，芽点处不能有叶片。叶片闷在土壤中后期容易腐烂，影响其他植物生长。一边叠加一边观察植物形态，确保植物分布均匀，这样会使盆栽更加美观。最后将土团捏实，不会散开即可，土团比容器口径略小，方便种植。

03

填入容器深度一半的湿润粗椰糠，加入缓释肥，再填入薄薄的一层粗椰糠，以防根系直接接触肥料，种植材料深至容器 2/3 的深度即可开始种植。

04

将植物组合最美观的一个面作为观赏面，种入容器中。如果土团过大导致放不进，需要缩小土团。种植深度以植物的根系距离盆口2～3厘米为合适，不宜过深或过浅。过深会导致后期浇水时植物因积水而腐烂，过浅会导致植物之间无法固定而散开。

05

用粗椰糠填补植物之间的空隙，并在土壤表面铺面，以避免浇水时土壤被冲出盆面，也使盆栽整体更美观。铺面的深度稍低于植物芽点。

整理叶片的姿态，让叶片自然打开。将植物互相穿插是制作自然风格组合盆栽的关键。蔓生的枝条可以盘在其他植物之间进行固定，使其更加简约不显臃肿。种植完成后浇水，冲刷叶片上沾染的土壤，浇水至盆底流出清水即可。

注意事项

种植要点

在狭小的容器中种植多样的植物，用叠加聚集的方法是一种不错的选择，种植效果就如同插花般华丽。在制作中注意根系的处理，将所有植物的根系都集中在一起，需要保证根茎结合处干净，枯叶、黄叶都需要提前摘除。植物的姿态也格外重要，朝向四处生长的模样会让盆栽整体显得更加富有生机。

养护要点

绿萝和常春藤等都是喜阴的植物，适合摆放在室内观赏，可以摆放在室内明亮的窗台处。保持土壤的湿润也是种植的关键，湿润但不积水的土壤适合大部分室内植物的生长。

异域风格的 蕨类大集合

作品简介

蓝色的陶瓷花盆中，长满了飘逸的蕨类，这让我想起了热带花园。此盆栽带着异域的风格，不同蕨类有着不同的质感与色彩。做一个蕨类的大集合，会让人在摇曳的叶片中有漫步热带花园之感。

设计灵感

蓝色带浮雕的花盆极具热带风格，在此基础上蕨类是最好的搭配。单纯的蕨类组合会带来平静感，飘逸的铁线蕨是非常不错的主角植物，不同蕨类的碰撞，让人充满期待。

植物介绍

铁线蕨

水龙骨

吉姆蕨

花叶卷柏

种植材料

粗椰糠

种植步骤

01

在种植前，如果植物盆栽在生产运输中出现黄叶、枯叶，需要及时对其进行修剪，这样既可保证在种植时植物状态良好，也可保证植物后期美观，生长良好。先处理蕨类植物。蕨类植物通常有细密的根系，在缩小其土团时，可以借助一些工具将多余的土壤去除。常见的蕨类植物分丛生型（铁线蕨）和走茎型（蓝星水龙骨），处理它们的方式相同——保留根系，去除根系上多余的土壤。

02

在容器中填入湿润的粗椰糠作为种植材料，粗椰糠透气且保水的特性非常适合蕨类的生长。填土深度的标准是将植物放进容器中，芽点距离盆口 2 ～ 3 厘米。首先种植株型最大的铁线蕨，种植在容器中心偏右的位置。

03

在铁线蕨左侧种入蓝星水龙骨，种植在容器较边缘的位置。在铁线蕨的前方种入低矮的吉姆蕨，吉姆蕨属于丛生型蕨类，有明显的生长芽点，将芽点朝外种植，枝叶可自然展开。

在蓝星水龙骨和吉姆蕨之间种入更加低矮的花叶卷柏，完成植物种植。

04

全部植物种植完成后，用粗椰糠填补植物之间的空隙，并在土壤表面铺面，以避免浇水时土壤被冲出盆面。铺面应正好盖过植物芽点。整理叶片，使叶片呈现自然打开的状态。然后浇水，浇水至盆底流出清水。

注意事项

种植要点

制作蕨类植物的组合盆栽，需要选择习性相同的蕨类品种。在种植时，芽点不宜种植过深，过深会导致植物因长时间潮湿而腐烂。不同品种的蕨类有不同的色彩和形态，叶片高低也不尽相同。虽然选择不同品种的蕨类能搭配出自然生长的感觉，但要注意选择生长习性大致相同的蕨类。

养护要点

蕨类喜阴凉通风的环境，可以在室内进行观赏，但需要注意长时间放置于室内，植物会出现徒长问题，叶片容易发黄，需要定期更换为露天环境。在室外养护时，需要将其摆放在潮湿、无阳光直射的环境中，并定期在周围喷水，增加湿度。在室内种植时，除了定期浇水外，还需要经常在其叶片上喷水来增加湿度，如果叶片出现发黄、发皱和发蔫的情况即表明植物处于缺水状态。

07

多肉植物的组合盆栽

浓郁的
冬季多肉植物组合

作品简介

冬季最可爱的植物莫过于诱人的多肉植物，其丰富的颜色和迷你的造型，让人爱不释手。在冬季制作一盆艳丽、浓郁的多肉组合，捧在手心里就能温暖冬日。

设计灵感

多彩的多肉植物绝对是冬季的主角植物。长条形的容器可以制作出满满当当的多肉组合盆栽，用不同的色彩搭配，就能展现多肉植物的魅力。

植物介绍

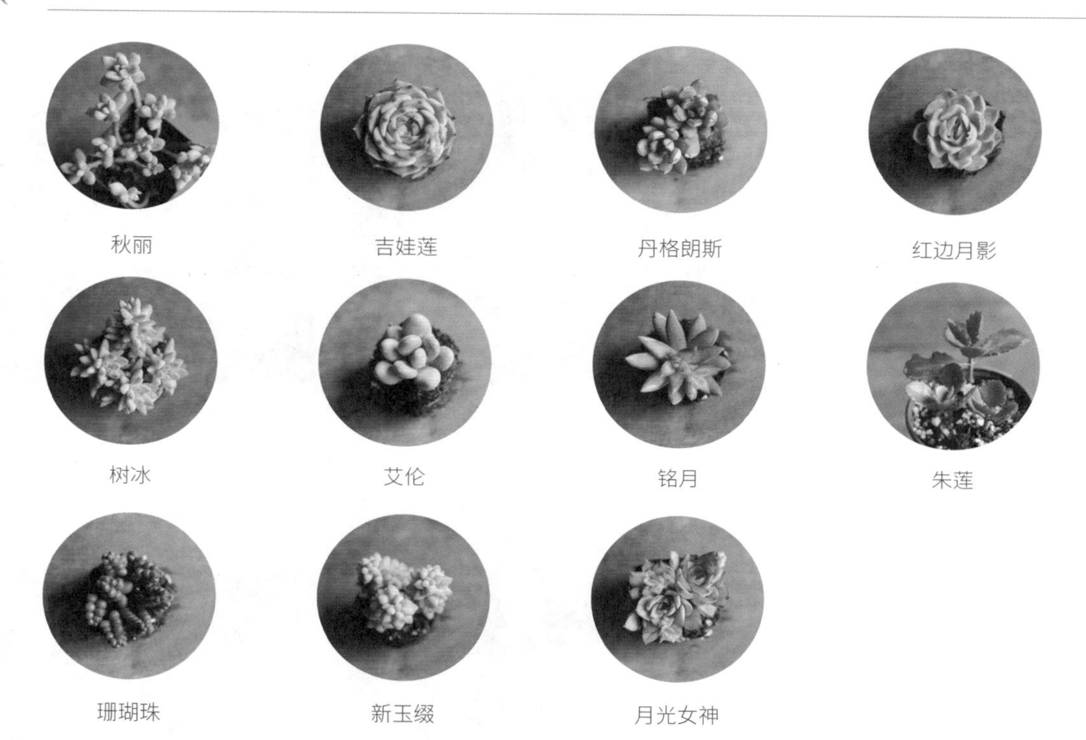

秋丽　吉娃莲　丹格朗斯　红边月影

树冰　艾伦　铭月　朱莲

珊瑚珠　新玉缀　月光女神

种植材料

麦饭石　珍珠岩　砂砾　桐生砂

粗椰糠　泥炭土　颗粒混合土

种植步骤

01

多肉植物的处理分成几大类型。将单株盆栽脱盆后，可以借用镊子等工具将土壤去除。可以去除多肉植物大部分根系和土壤，保留其主根团即可。

02

多肉植物的新陈代谢速度快，容易在容器底部形成一层枯叶，在处理时将枯叶一并去除，防止多肉植物在后期的生长中发霉腐烂，影响成活。

03

将新玉缀和珊瑚珠分成 2 ～ 3 棵或者单棵为组来种植。分株时先将其根系打散，根据长势进行分株。将多肉植物全部处理好之后按照类别摆放，方便后期种植。

04

选择带有排水孔的容器，在底部铺设一层 2 ～ 3 厘米厚的粗椰糠，这既可增加排水层的深度，也可防止土壤从排水孔中漏出。将混合均匀的颗粒混合土填入容器，填至容器一半的深度就可以进行种植了。先种植株型最大的秋丽，作为盆栽中最高的植物，将其种在中心靠右的位置，这样能体现层次感。在秋丽旁种入朱莲，以3株为一组进行种植。

05

将低矮的吉娃莲和月光女神种植在靠前的位置。种植的深度依据根系的位置来定，根系正好低于盆面即可。陆续加入其他品种的多肉植物，以不同的色彩和叶形互相搭配。多肉植物之间的种植空隙小，可用镊子夹住根系进行操作，更方便种植。将新玉缀种植在容器边缘，后期会呈现出垂吊生长的形态。

06

将迷你的珊瑚珠种植在空隙处，以制作密集型的多肉植物组合盆栽。全部植物种植完成后，在空隙处填入颗粒混合土，可用小铲子仔细填补多肉植物之间的空隙。最后用颗粒混合土铺面，保持盆栽整体的干净。

注意事项

种植要点

制作密集型的多肉植物组合盆栽，在多肉植物的选择上需要考虑不易变形、生长缓慢、颜色多样的品种是首选，这样才能保持更久的观赏期。多肉植物组合越密集就越需要精细地种植，借用镊子等工具会更加容易。

养护要点

种植完成后，不用立刻浇水，先进行 2 ～ 3 天的缓苗，随后开始浇水，初期可多次浇水，让土壤保持一点的湿度，有利于根系的生长。多肉植物较耐旱，浇水频率可以 1 个月 1 次，如果叶片出现发皱的现象，表明植物处于缺水状态，可适当浇水。多肉植物喜欢光照充足的环境，需要在温暖且直射光的环境中养护。在冬季，多肉植物需要在 0° C 以上的环境中培植，低于 0° C 的环境多肉植物可能会出现冻伤。夏季来临，多肉植物的颜色泛绿，需要摆放在通风干燥的环境中，浇水周期延长，在傍晚温度较低时浇水，避开中午在阳光下暴晒。为保持多肉植物之间的通风性，可定期清理枯叶。

送你的
纸杯蛋糕

作品简介

小巧的铁艺花盆装着一群诱人的“小可爱”，各色的多肉植物就像蛋糕上的装饰，让人忍不住想要咬上一口。满满一盆“多肉蛋糕”，是不是让你很有食欲呢？

设计灵感

类似纸杯蛋糕的器皿可以用来制作可爱风格的多肉植物组合盆栽。半球状的形态会让多肉植物组合显得更加丰富，不同色彩与形态的品种也会搭配出多样的形式。

植物介绍

海滨格瑞

菲欧娜

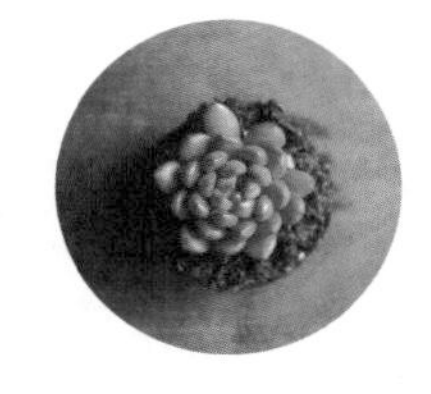
红宝石

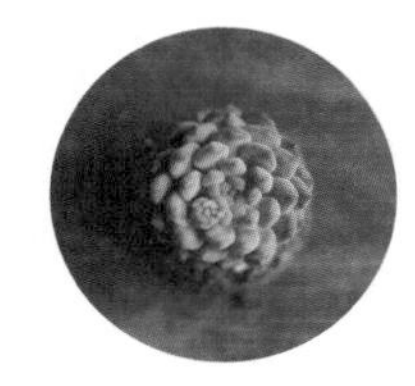
蓝苹果

蒂亚

巧克力线

丽娜莲

双子贝瑞

圣诞东云

黄金万年草

种植材料

粗椰糠

水苔

种植步骤

01

将盆栽的多肉植物去除大部分土壤，修剪其根系才能重新种植。在去土时可将土壤全部去除，只留下根系的部分，方便后期种植。在修剪时去除枯黄的老根和须根，稍微修剪更有利于重新发根。在原有的多肉植株上剪下带枝条的部分多肉植物，带 2 ～ 3 厘米长枝条的多肉植物更方便种植。

02

在容器底部铺 3 ～ 4 厘米厚的粗椰糠作为排水层，在粗椰糠上铺上湿润的水苔，水苔填满整个容器，将其压实成球状。种植一颗株型较大的多肉植物。用镊子夹住多肉植物根系部分，根系要完全浸入水苔中，叶片要高于水苔。如果出现盆栽晃动的情况，可以用水苔填补根系间的空隙。

03

依次在周围种入不同的品种。在种植之前，用镊子在水苔中挖出小孔会更方便种植。先种植株型较大的品种，然后在其之间填补株型较小的品种，这样会使盆栽更加生动。

04

在底层种上株型较小的品种作为收尾，倾斜种植，使盆栽整体呈半球状。种植一层后用水苔简单固定，以免多肉植物因为固定不稳而掉落。对于没有根系的多肉植物，可以直接将其插入水苔中。

05

在多肉植物的空隙处加入黄金万年草可以增颜色。用镊子夹取一小丛黄金万年草，种在多肉植物的空隙处。最后在所有的空隙处填入装饰用的山苔，既美观又能防止在后期浇水时土壤被冲出盆面。

注意事项

种植要点

想要种出立体的多肉植物组合盆栽，底层的水苔是关键，水苔的高度决定种植的高度，水苔高度越高越难种植，可以借助铁网进行种植。一边种植一边用水苔填补空隙也能防止多肉植物在种植时掉落。

养护要点

种植完成后不要立刻浇水，先进行2～3天的缓苗，随后开始浇水。水苔具有保水性，用水苔作为种植介质，可减少浇水的次数，只需等盆栽变轻之后再浇水。浇水时注意沿着多肉植物边缘给水，切记不要直接喷洒，多肉植物叶心积水容易腐烂和晒伤。将多肉植物组合盆栽放置在全日照的露天环境中养护，南向避雨的环境最佳。在冬春两季要给予多肉植物充足的阳光，使其生长不易变形；在夏季需要将多肉植物放置在通风且干燥的环境中养护；在冬季温度低于0°C时，需要将多肉植物放置在温暖的环境中过冬。

回归自然的
玉露

作品简介

来种一盆原始、自然的玉露吧，它生在砂砾中，藏在岩石里，低调地存在着，这样不争不抢的模样，很适合静静地观赏呢。

设计灵感

以玉露为主角植物的组合盆栽，更加体现出不同品种多肉植物的质感与色彩，原生态的风格更能显示出玉露的美，复古的浅盆也非常协调。

植物介绍

白斑玉露　京之华　曲水之宴　水晶寿

楼兰　黑肌　樱水晶

种植材料

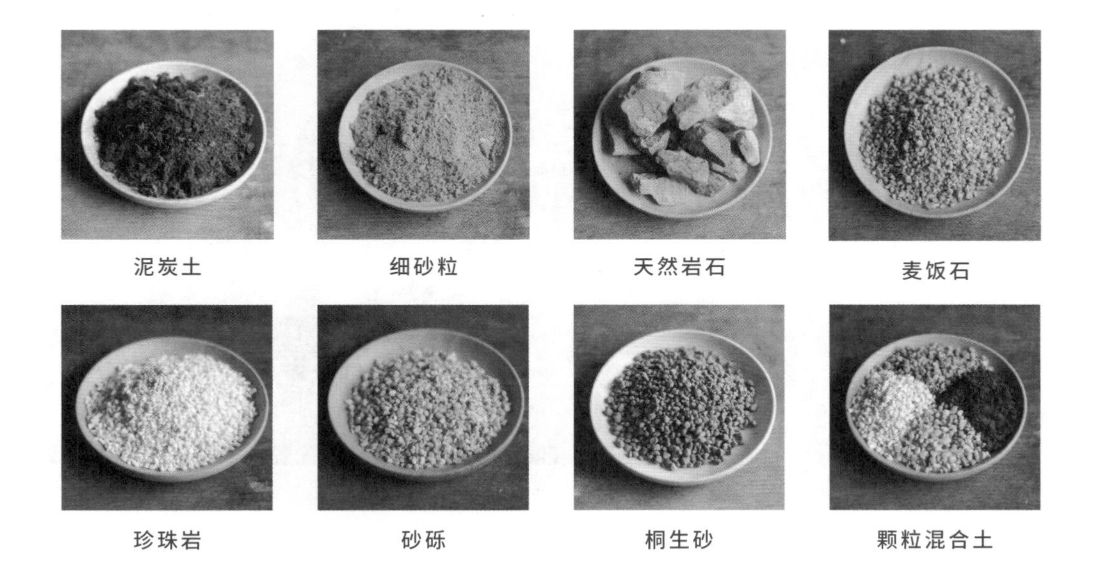

泥炭土　细砂粒　天然岩石　麦饭石

珍珠岩　砂砾　桐生砂　颗粒混合土

种植步骤

01

将盆栽的多肉植物脱盆，去除大部分的土壤。玉露具有较为粗壮的肉质根系，可以借用工具去除其根系上的土壤。

02

修剪多肉的死根与枯叶。粗壮的肉质根一旦死亡，会出现变薄、变空的情况，重新种植时需要将死根全部去除，只保留有活力的新根，同时也要把枯叶、黄叶一并摘除。

03

在容器中填入湿润的颗粒混合土。较浅的容器可不用添加排水层，可以加大种植材料中颗粒的比例，增强盆栽的排水性。将颗粒混合土填至容器 2/3 的深度后，将土壤表面压平，方便后期种植。

04

选择一棵株型较大的玉露，将其种植在容器的中心。将玉露放在土壤表面，确定位置后在周围填上种植材料，能固定植物即可，不需要全部填满。

05

陆续种入株型较大的玉露作为主角植物，将其种植在不同的位置会显得盆栽更加自然。每种植一棵都在其周围填土固定，以免后期在种植时前面已种植的多肉植物因为不稳而掉落。同时借助工具在根系内部填上种植材料，以免后期多肉植物的根系中心架空。

06

将株型较小的品种种植在株型较大的品种的空隙处，不需要按照均匀分布的原则种植，可随意种植颜色、大小和形态不同的品种，这样更有原生、自然的感觉。如果种植空间较小，无法填土，可在种植前用镊子挖出小洞，将植物种入后再用颗粒混合土将周围的空隙填满。

07

植物全部种完后，在空隙处仔细填入颗粒混合土，并借用镊子在植物之间填充，使植物之间紧密贴合。颗粒混合土容易出现互相支撑形成较大的空隙的情况，不利于植物的生长，将颗粒混合土压实或用工具填充可以避免发生这样的情况。

08

在植物之间加入有观赏用途的天然岩石，不必均匀摆放，随意将天然岩石堆砌在植物周围会显得盆栽更加自然。用浅色的砂砾铺面，覆盖裸露的种植材料，这样会显得盆栽更加干净、美观，同时在浇水时土壤不会被冲出盆面。

注意事项

种植要点

种植多肉植物，特别是玉露类等品种，将土壤提前浸润更有利于植物发根。潮湿的土壤自带湿气，能促进重新种植的植物快速生根。将湿润的土壤捏成球或直接散开为佳。借用工具进行种植，可避免植物之间存在空隙，以防在后期浇水时土壤下陷导致植物露出根系影响生长。

养护要点

玉露类植物在多肉植物里属于耐半阴植物，喜潮湿且有散射光的环境，所以更适合在明亮的室内种植，过强的光照会导致叶片发灰、发红或干瘪。由于是潮土种植，种植完成后不需要立马浇水，可等待 1 ～ 2 周后再浇水，浇水时注意不要让叶心积水，叶心积水容易导致盆栽整体腐烂。

来种一盆
开花的多肉植物吧

作品简介

风车草属的多肉植物有着精致的花朵，像是闪闪发光的宝石。用风车草属的多肉植物来制作一盆具有观赏性的盆栽，对于只在春季才能看到的花朵，可以有持续 1 个月的独特观赏期。

设计灵感

小巧可爱的多肉植物盛开着花朵，以花朵作为主题，用复古浮雕的花盆来搭配精致的花朵，让花朵就像宝石般闪亮。

植物介绍

绿爪

蔓莲

银天女

种植材料

泥炭土

麦饭石

桐生砂

珍珠岩

砂砾

颗粒混合土

种植步骤

01

对多肉植物进行简单的根系处理，去除其根系上的土壤和已经枯死的根系。修剪过长的根系，保留主根系，须根可保留一部分。

02

去除多肉植物的枯叶和黄叶，以免这些枯叶和黄叶在后期生长中出现发霉腐烂的情况，影响多肉植物生长和存活。

03

在容器中加入颗粒混合土，填至盆口 1 ～ 2 厘米处并轻压土壤。颗粒混合土容易在内部形成空隙，将其轻压可以使土壤更加紧实。

04

在容器边缘开始种植多肉植物，依次种植株型相似的品种，以对角的形式种植相同的品种，让盆栽整体的色彩均匀分布。在小型的容器中种植植物，借助工具更加方便。可用镊子夹取多肉植物的枝干，将其种入土壤中，并在空隙处填入颗粒种植土使植物固定。

05

由外向内种植，在中间的部分可以种植较为显眼的品种，用镊子种植更加方便。多肉植物的花枝互相依靠，可以避免在种植途中被折断。

06

全部植物种植完成后，在植物之间空隙处填入颗粒混合土，并用镊子将其压实，如果需要铺面也在此时进行。

注意事项

种植要点

在狭小的容器内种植植物，借用工具会更方便操作。重复使用相同的品种时可以按照对角的形式种植。以观花为主的多肉植物组合盆栽，展示花枝的形态也格外重要。

养护要点

多肉植物组合盆栽种植完成后，不用立刻浇水，先进行 2 ～ 3 天的缓苗，随后开始浇水。初期可多次浇水，让土壤保持一定的湿度，有利于根系的生长。多肉植物较耐旱，可 1 个月左右浇一次水，如果叶片出现发皱的现象，表明多肉植物处于缺水状态，可适当浇水。浇水时注意沿着多肉植物边缘给水，切记不要直接喷洒，多肉植物叶心积水容易导致腐烂和晒伤。多肉植物喜欢光照充足的环境，需要摆放在温暖且直射光的环境中进行养护。在冬季，多肉植物需要保持在 0° C 以上的环境中养护，低于 0° C 可能会出现冻伤的情况。

种植两个月之后，花枝枯黄就可以进行修剪，大部分品种只在春季开花。多肉植物花后需要良好的光照，春末夏初是其快速生长的时期，此时需要保证充足的水分和光照，为度夏做准备。

作者简介

阿咕 园艺设计师，组合盆栽设计师，园艺美学倡导者。

擅长日系自然风格的盆栽种植，于2017年开始制作组合盆栽，善用具有自然感的植物营造个人盆栽风格。在中国花园节和2019年中国北京世界园艺博览会展出组合盆栽，盆栽作品常登国内各类园艺书籍。致力于培育适合寄植的盆栽材料，推广国内组合盆栽体验新模式。在国内园艺节目《园艺莳家》担任组合盆栽嘉宾。